U0123564

茶事影像

古画中的茶生活与茶家具

杨玮娣 著

中国林業出版社

图书在版编目（CIP）数据

茶事影像：古画中的茶生活与茶家具 / 杨玮娣著 . -- 北京：中国林业出版社，2023.4（2024.4 重印）

ISBN 978-7-5219-1816-8

Ⅰ . ①茶… Ⅱ . ①杨… Ⅲ . ①茶文化 – 中国 Ⅳ . ① TS971.21

中国版本图书馆 CIP 数据核字（2022）第 149474 号

茶木生活工作室　出品

策划编辑：杜　娟
责任编辑：杜　娟　李　鹏
责任校对：苏　梅
书籍设计：杨衪贺
制　　版：北京美光设计制版有限公司
出版咨询：（010）83143553

出版发行：中国林业出版社
（100009　北京西城区刘海胡同 7 号，电话 83223120）
电子邮箱：cfphzbs@163.com
网　　址：www.forestry.gov.cn/lycb.html
印　　刷：北京富诚彩色印刷有限公司
版　　次：2023 年 4 月第 1 版
印　　次：2024 年 4 月第 3 次印刷
开　　本：710mm×1000mm 1/16
印　　张：14　插页 5
字　　数：228 千字
定　　价：158.00 元

序

《寒夜》

【宋】杜耒

寒夜客来茶当酒，竹炉汤沸火初红。

寻常一样窗前月，才有梅花便不同。

茶，是十分古老的饮品，在中国人原始朴素的观念中，含有“天人合一”的隐喻。俗话说“开门七件事——柴米油盐酱醋茶”，足见茶在人们生活中的地位。

中国人品茶有着悠久的历史，唐宋是其鼎盛期。茶圣陆羽在《茶经》中说：“茶之为用，性至寒，为饮，最宜精行俭德之人。”其创立的饮茶之道，千百年来，一代代传承至今。潺潺流水、一座雅亭、一轮明月、一把古琴、一茶壶，自己，或是邀约一群知己好友，这样的场景有个好听的名字——雅集。这样的雅集也造就了宋徽宗的《听琴图》《文会图》、刘松年的《唐五学士图》、陈洪绶的《高隐图》等诸多优秀画作。

杨玮娣老师的著作《茶事影像——古画中的茶生活与茶家具》，以古画为线索，让画成为茶的载体，茶成为画的解读，互为考证，为我们构筑出一场场精美的视觉盛宴。从一幅幅优美的古画中为我们展现器物之美、茶席之美、茶食之美、茶修之美，生动还原出茶之意境，呈现出中国人由古至今追求茶文化的精神和理念，折射出中国人在茶道中与自己、与他人、与世界的相处之道。这就是茶中意蕴的处事之道，昭示出中国人的生活美学。

读了这本书，就像经历了一场非常有趣的“穿越”之旅。从那一件件斑驳的绘画中，仿佛打开了一条时空隧道，把我们从当下拉往渺渺的古代，解读茶在人类社会中具有的真实面貌，讲述一个关于茶的真实故事。

几千年的农耕文明，沉淀出我们与大自然为伴，与万物共生，和谐共处的人文情怀。喝茶时，看着那一片片小叶子，在水中翻腾旋转，卷曲到舒展，升起又沉淀，却舞出千百种滋味。可谓神奇，实属妙哉！

朱刘建

国家一级艺术监督

中国文化艺术发展促进会

文化遗产保护利用专委会主任

2023 年 3 月

前言

本书的编写最早源于2017年，在工作室开始研发茶家具和茶文创产品设计之时。喝茶十余载，我对茶有一份特殊的情结。2020年之后，由于加工制作方面的一些调整，茶家具设计研发暂时停顿下来，但是这个主题却依旧萦绕于心，久久不能散去，只是一直在思考以何种方式推进这样的茶与家具以及设计之间的关联性与延续。

一场疫情改变了很多人与事，于我而言，有了更多时间进行梳理与思考。在之前的一茶一会、茶文创产品、茶空间设计等零零散散的设计与博文心得中，思考这其中内在的关联与本质。随后，删除了之前所有的博文，清空既是一种再思考也是一种新认知的开始。写此书时，正值2022年春节，北京冬奥气氛正浓，但同时疫情依旧未退，希望、坚守、喜庆、克制都汇聚在这样的一个春节，很独特。

自远古开始，茶作为药材进入人们的生活。传承至今，茶早已和人类有了不解之缘，而未来饮茶的主力群体是“00后”的年轻人。认识茶生活，了解茶文化，尤其让更多年轻人、年轻设计师从中国传统的茶文化中汲取更多优秀的精神和理念，让茶文化能通过设计展现更多的美好，提升人们生活品质，引导一种健康的生活方式。这是本书想要表达的初心之一，也是作为高校设计专业教师的一种职业使然。

很多年没有动笔写书了，因为心存一种畏惧，这种畏惧是对知识的一种敬仰，越是深入进去，越是感觉畏手畏脚，感觉知识的博大，即便今天能把此书出版，也真诚地希望大家抱着宽容之心，并多多指教。我会接受所有的批评与指正，这是一种学习与提升的过程。

目前，现有关于茶文化的书籍实在太多了。这几年的时间陆陆续续购买了不少相关的书籍来研读，同时，也查找了知网上许多相关专业论文，发现茶方面的书籍基本都集中在这几个大类：一是茶科普，如茶本身的特性、品鉴等；二是茶文化，用散文抒发感悟、讲哲学思想等；三是茶美学，包括美学原则、审美等；四是设计，如茶空间设计、茶席设计、茶馆设计等，通过案例讲解设计原则与方法。而对于茶家具、茶文创产品设计等书籍却非常少。此外，关于古画研究方面，古画中家具的研究有不少，但是针对古画中茶家具与相关产品的书籍则非常少。而这也是本书得以创作与编写的另一个初心。我希望通过自己的努力，为茶家具设计尽一点绵薄之力。

选择以古画呈现茶家具的美，也是心中酝酿已久的。古画中经典的画面本身就是一种不可言表的美，茶家具与茶文化的发展脉络，在不同时代的古画中呈现得更加生动丰富。从这些古画中能够看到不同朝代、不同时期，人们生活起居的变化、饮茶方式的变化、家具以及陈设用品的变化等，它们以一种程式化的叙事语言，或图像学中的一种符号，保存在这些古画中，并总能指引后人对古典的恪守、传承与发展。而我们现代设计的创新创意，其实也是基于中华民族优秀传统文化基础上的创新，只有更好地挖掘、理解传统文化的精髓，才能更好地推陈出新，更好地进行创新创意的设计。这也是作为一名高校设计专业的教师，内心一直想做的事情，通过传达这样的一种经典之中的美，影响和感染年轻一代。

特别说明：本书不是专业的断代叙事书籍，对于古画的详细出处、作者等信息，在本人能力范围之内可查找到的都会写出来；但本书的重点不是断代，不是古画研究，如果存有不对的解读与信息，真心接受批评指正。本书的重点在于带领读者从古代茶画中，更直观地了解茶生活，了解茶家具的起源及发展的过程，以及茶家具在茶事活动中起到的作用。

本书共有四个部分：第一部分侧重茶与茶文化的简单概述，以最精炼的语言和图形归纳的方式展现；第二部分是对茶家具与中国传统家具关联性的简说；第三部分是本书的重点，穿越古画时空，领略中国古代茶事与茶家具的魅力，了解茶家具的发展演化和不同时期的茶生活；第四部分通过几位有缘的设计师、茶人的作品，能够看到现代很多的设计和茶事活动，其中依然带着古画中的影子，这种影响是经典的延续，传统文化的延续，也是文化自信的彰显。

在编写本书的过程中，感谢家人、同事、朋友、茶人、设计师和我的学生们的帮助与支持，感谢中国林业出版社编辑杜娟在整个过程中给予的无私帮助，感恩指引我走进茶生活的闺蜜和友人。

2023 年 2 月

影像一

茶文化简说

追本溯源

追溯中国人饮茶的起源，提到最多的就是「茶之为饮，发乎神农氏」。

茶的起源

> 林语堂说："每一片茶叶的沉浮，都是一种缘定，不空不昧。"

与茶的缘定之旅，先从茶的起源说起。关于茶的起源，陆羽《茶经》作为世界第一本茶文化书籍，在书中提到"茶之为饮，发乎神农氏"。在神农氏的《神农本草经》（图 1-1）中，把口传的茶起源记载了下来："神农尝百草，日遇七十二毒，得茶而解之。"从这些文献记载中可见，最初茶的出现是被当作一种可以解毒的药材。表 1-1 对《神农本草经》做了一个简单的归纳，以便读者能更好地了解《神农本草经》与茶的关联性。

茶缘起于中华大地，最早可追溯到大概五千年前的远古神农时期，作为能够解毒的草药进入人类社会，并慢慢进入寻常百姓家。历经岁月的涤荡，茶生活早已深深融入人们的日常起居。

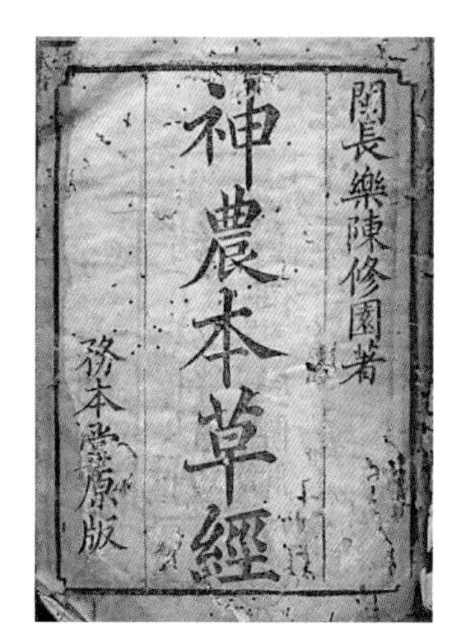

图 1-1 《神农本草经》

表 1-1 《神农本草经》简要归纳

《神农本草经》之内容	是我国第一部药学专著。全书共有三卷，共计收录365种药物。《隋书经籍志》《旧唐书 · 经籍志》等都有记载。
《神农本草经》之起源	起源于神农氏，经过代代口耳相传，成书并非一人所为，而是在秦汉时期众多医学家搜集、总结、整理而成[1]。《孟子 · 滕文公》《吕氏春秋》《汉书》等都有相关记载。
《神农本草经》之神农氏	据史料记载，神农氏即炎帝，是三皇五帝之一，农业的发明者，医药之祖。《四库备要 · 子部 · 新语卷上》《史记 · 三皇本纪》等有相关记载。
《神农本草经》之茶	陆羽《茶经》记载“神农尝百草，日遇七十二毒，得茶而解之”，茶在这里是作为解毒药被使用。

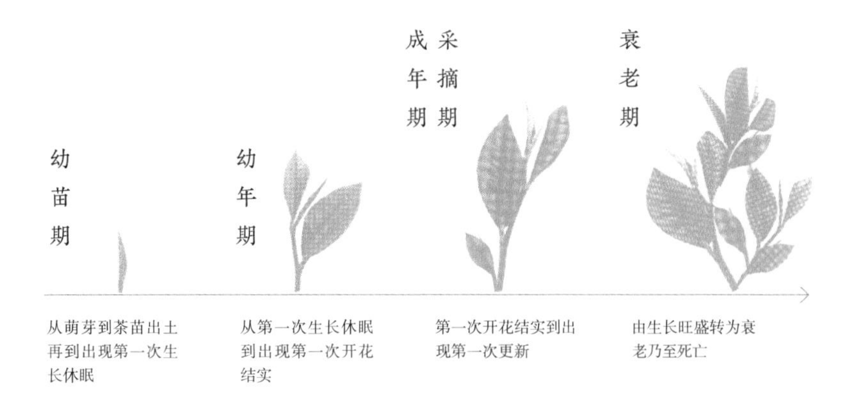

图 1-2　茶树的生长阶段

认知茶叶与茶树

> 笔者：“人要遵循物与自然的和谐关系，才能培育更好的茶树，才能泡出更好喝的茶水。”

茶叶是茶树上一片片小小的叶子，它们吮吸着大自然的灵气与精华。茶树历经岁月的风霜雨雪，将天地日月的菁华集于一身，屹立在高山之上，经风雨，沐日月，任凭岁月变迁，牢牢扎根于土石罅隙之中。

徐海荣主编的《中国茶事大典》这样定义茶树：茶树是一种多年生的常绿阔叶木本植物，是常绿灌木或小乔木，是山茶科[2]。茶叶指的是茶树的叶子和芽，有茶树才有茶叶，才能泡出茶水。因此，我们经常说的喝茶用的是茶叶。茶树的种类很多，茶树上的茶叶，由于所处的地域不同，制作工艺不同，泡出的茶水味道也完全不同，这种多变和差异恰好是喝茶的魅力所在。

茶树与自然的关系，气候、温湿度、土壤中的矿物元素等都影响茶树的生长和内在的品质。

从植物学的角度看，茶树的生长一般经历四个阶段，分别为幼苗期、幼年期、成年期、衰老期（图 1-2）。我们看到了茶自带大自然的磁场和能量，也见证了茶树与自然之间的和谐共生，图 1-3 为茶树的生长示意图。人要遵循物与自然的和谐关系，才能培育更好的茶树，才能泡出更好喝的茶水。

向下传递

茶树的根与土壤中的微生物相互提供各自所需营养、维持共生平衡

图 1-3　茶树的生长示意图

茶叶的成分与分类

> 纪录片《茶，一片树叶的故事》：“一片树叶，落入水中，改变了水的味道，从此有了茶。”

茶树中蕴含有丰富的有机化学成分和无机矿物元素，其中含有许多营养成分和药效成分，对人体是非常有益的。比如蛋白质、脂类、碳水化合物、多种维生素和矿物质、多酚类、色素、茶氨酸、生物碱、芳香物质、皂苷等。图 1-4为茶叶的成分图解示意图。

茶叶按发酵程度、茶叶制作工艺不同分类如图 1-5。不同茶叶冲泡方式归纳见表 1-2。这种归纳只是一种简要的说明，中国的茶叶冲泡手法很多，例如冲泡人控制出汤的快与慢，投茶量的多与少，水质的好与坏，这其中存在很多人为的因素，无法做到精准，所以在中国茶文化里泡茶是一门学问，直接影响着茶汤的口感。

图 1-4　茶叶的成分图解示意图

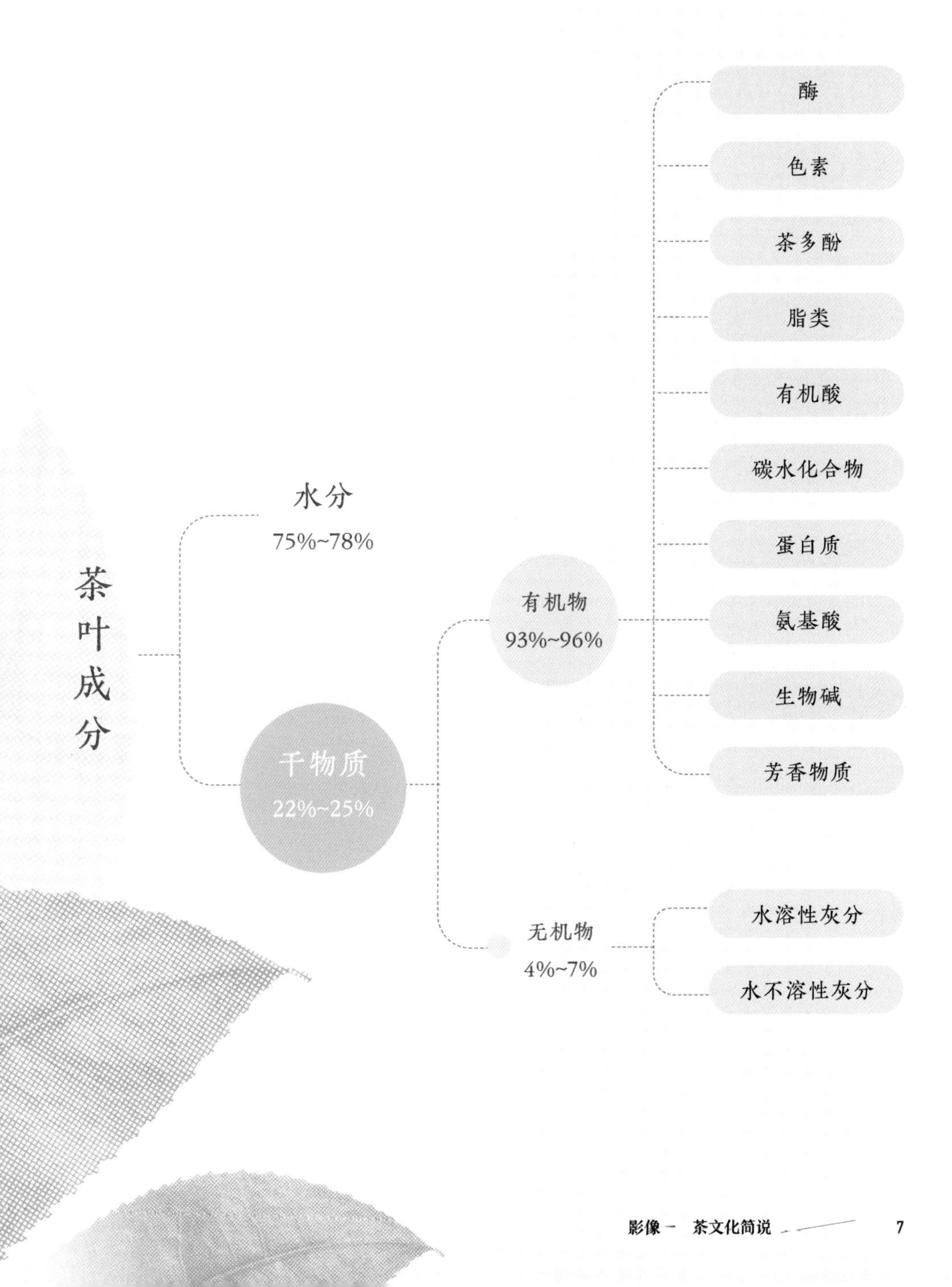

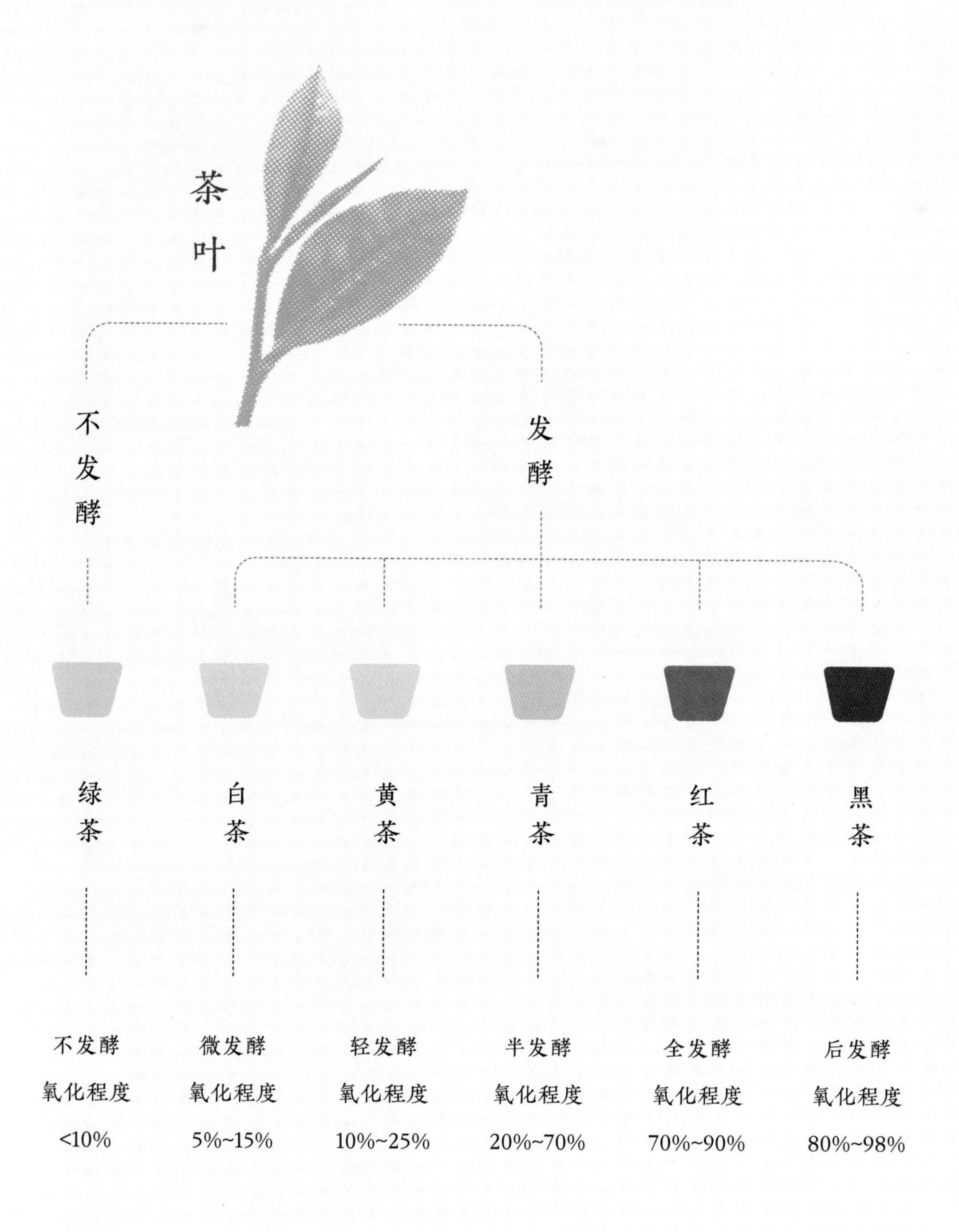
茶叶
不发酵
发酵
绿茶
白茶
黄茶
青茶
红茶
黑茶
不发酵
氧化程度
<10%
微发酵
氧化程度
5%~15%
轻发酵
氧化程度
10%~25%
半发酵
氧化程度
20%~70%
全发酵
氧化程度
70%~90%
后发酵
氧化程度
80%~98%

图 1-5　茶叶分类

表 1-2　不同茶叶冲泡方法归纳

种类	品质特征	发酵程度	加工流程	代表茶
绿茶	绿叶清汤，干茶碧绿、翠绿或黄绿色	不发酵	杀青、揉捻、干燥	信阳毛尖、黄山毛峰、碧螺春、西湖龙井、太平猴魁等
白茶	白色茸毛多，汤色浅淡	微发酵	萎凋、干燥	白毫银针、白牡丹、贡眉、寿眉、月光白等
黄茶	黄汤黄叶，叶身金黄，色泽润亮	轻发酵	杀青、揉捻、闷黄、干燥	霍山黄芽、蒙顶黄芽、君山银针、远安黄茶等
青茶	绿叶红边，汤色金黄或橙黄	半发酵	萎凋、做青、炒青、揉捻、干燥	凤凰单枞、铁观音、冻顶乌龙、武夷岩茶、凤凰水仙、东方美人等
红茶	红叶红汤，汤色橙红色或红色	全发酵	萎凋、揉捻、发酵、干燥	祁门红茶、滇红工夫、正山小种、宜宾红茶等
黑茶	叶色褐绿或油黑，汤色橙黄、酒红或褐色	后发酵	杀青、揉捻、渥堆、干燥	安化黑茶、云南普洱熟茶、广西六堡茶、老青茶等

“茶”字的由来

林清玄曾说过：“茶字拆开就是人在草木间。”

表 1-3　古代几种茶的叫法与出处

名称	出处
檟（jiǎ）	秦汉时期的《尔雅》中称茶为“檟”
荈（chuǎn）诧	汉代司马相如在《凡将篇》中，称茶为“荈诧”
蔎（shè）	西汉扬雄的《方言》谈及蜀西南产茶，称茶为“蔎”
茗	周朝《史记·周本记》记载“园有芳蒻香茗”，称茶为“茗”
荼（tú）	东汉《神农本草》，称茶为“荼”
茶	唐代陆羽《茶经》还有檟、蔎、茗和荈等叫法，并最终把“茶”字确定下来
诧、皋芦、瓜芦、水厄、过罗、物罗、选、姹、葭茶、苦荼、酪奴、武夷	在《博物志》《文房四谱》《纬文琐语》等对茶有这些不同的叫法

“茶”字的由来

“神农尝百草，日遇七十二毒，得荼而解之。”此处茶写作“荼”，本义为苦菜，是一个会意字。在《图解〈说文解字〉画说汉字》中提道：“在小篆中，上边的‘艸’字形像是草，下边为余，字形像是简陋的房屋，并且‘余’字在古代常用作第一人称代词，寓意为‘荼’是人人能吃的苦菜。”[3] 直到唐代陆羽《茶经》的问世，“茶”字才正式被确立，并沿用至今。这一改变，更契合了茶的植物本性。茶来自大自然，生存于大自然。

“茶”的别称

陆羽《茶经》中，除茶外，还有其他叫法如檟、茗和蕣等。此外在《博物志》《文房四谱》《纬文琐语》等古籍中还有诧、皋芦、瓜芦、水厄、过罗、物罗、选、姹、葭茶、苦茶、酪奴、武夷等称呼，表1-3中列举了古代几种茶名与出处。现代对茶的命名则非常文艺好听，有地名、口感、形状，比如六安瓜片、舒城兰花、竹叶青、大红袍、雀舌、奇兰等。

“茶”字解读

茶是由“人”“草”“木”构成的。上为草，中为人，下为木，象征人在草木间，回归大自然，倾听自然界的声音，这本身就构建出一幅清幽恬淡的草木间茶生活的场景。

人们对茶的表达千年流变，不变的却是爱茶人的情怀。人生犹如草木，寒来暑往，四季更迭，草木一秋梦一场，冷暖自知，品茶品的是一种心境与情怀。

茶有多种不同的字体与写法，这些都使茶字呈现出不同的风骨，图1-6摘录自《书法大字典》中茶字的多种写法[4]。

图1-6
茶字的不同书写

茶闻趣事

《世说新语》一书中记载了这样一段关于水厄的轶事："王濛好饮茶，人至辄命饮之，士大夫皆患之，每欲往候，必云'今日有水厄'。"[5] 这篇故事大概的意思是：有一个叫王濛的人，喜欢喝茶，一旦有人去拜访，他就一定要请客人喝茶。但由于在当时，喝茶还没像现在这样普及，有好多人不习惯喝茶，所以就有一些要去拜访的客人，一想到去他家就要喝茶而产生了惧怕之感。因此客人们每次去他家前，都会说"今天一定会有水厄"。

《世说新语》记载的这则"王濛与水厄"的故事，从时间上看应该发生在魏晋南北朝时期。这也从侧面说明了当时的人已经开始喝茶了。

《茶经》

> 陆羽（《全唐诗》第 308 卷 007 首）："不羡黄金罍，不羡白玉杯；不羡朝入省，不羡暮登台；千羡万羡西江水，曾向竟陵城下来。"

梳理茶文化的历史脉络，首先要知晓陆羽《茶经》。《茶经》是我国茶文化的开山巨著，内容非常丰富，分为源、具、造、器、煮、饮、事、出、略、图十个方面，对茶的起源、品种、分布、制作，茶的冲泡用水、器皿以及茶的趣闻轶事等均有论述，对我国的茶业发展都起到了巨大的推动作用，甚至也影响了国外饮茶文化的发展。图 1-7 为《茶经》古籍。

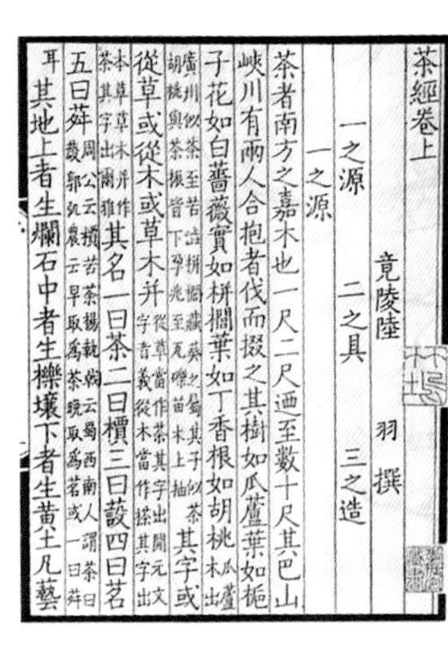

茶經卷上　竟陵陸　羽　撰

一之源　二之具　三之造

一之源

茶者南方之嘉木也一尺二尺迺至數十尺其巴山峽川有兩人合抱者伐而掇之其樹如瓜蘆葉如梔子花如白薔薇實如栟櫚葉如丁香根如胡桃（瓜蘆木出廣州似茶至苦澀栟櫚蒲葵之屬其子似茶胡桃與茶根皆下孕兆至瓦礫苗木上抽）其字或從草或從木或草木并（從草當作茶其字出開元文字音義從木當作梌其字出本草草木并作荼其字出爾雅）其名一曰茶二曰檟三曰蔎四曰茗五曰荈（周公云檟苦荼揚執戟云蜀西南人謂茶曰蔎郭弘農云早取為茶晚取為茗或一曰荈耳）其地上者生爛石中者生櫟壤下者生黃土凡藝

图 1-7　《茶经》古籍

《茶经》是最早的茶文化专著，由唐朝的陆羽所著。《茶经》共十章，七千多字，分为上、中、下三卷。表 1-4 是《茶经》每一章节对应的简要内容，通过这样的梳理，可以清晰地了解《茶经》所涉及的内容[6]。

表 1-4　《茶经》内容概述

章节	简要内容
一之源	概述中国茶的主要产地及土壤、气候等生长环境和茶的性能、功用
二之具	主要讲解当时制作、加工茶叶的工具
三之造	主要讲茶的制作过程
四之器	主要讲煮茶、饮茶所使用的器皿
五之煮	主要讲煮茶的过程和技艺
六之饮	主要讲饮茶的方法以及茶品鉴赏
七之事	主要讲中国饮茶的历史
八之出	详细记载了当时的产茶胜地
九之略	主要讲饮茶器具在何种情况下应完备，在何种情况下可省略
十之图	把以上各项内容用图绘成画幅，张陈于座隅，营造饮茶意境与氛围

陆羽其人

清朝人所作怀念陆羽的诗：“古亭屹立官池边，千秋光辉耀楚天。明月有情西江美，依稀陆子笑九泉。”

在陈子叶所写的《论中国茶艺的人文精神》中这样介绍陆羽：陆羽约733—804年，字鸿渐，唐代复州竟陵（今湖北天门市）人，一名疾，字季疵，号竟陵子、桑苎翁、东冈子，又号茶山御史，是唐代著名的茶学家，被世人誉为“茶仙”，尊为“茶圣”，祀为“茶神”[7]。自陆羽的《茶经》问世之后，茶文化逐渐普及开来。正如北宋诗人梅尧臣所说：“自从陆羽生人间，人间相学事春茶。”

陆羽究竟有怎样的成长经历，才造就了他能够写出如此经典的巨著？在许多研究陆羽生平的文献中，基本都提到了这样几个阶段：初学茶启蒙，品泉问茶，出游考察，潜心著书，补充丰富成书[8]。

关于陆羽名字的由来，在陆羽纪念馆中这样写道：“智积禅师以《易经》自筮（shì），占得‘渐’卦，卦辞曰：‘鸿鹄于陆。其余可用为仪。’”于是，按卦辞给他定姓为“陆”，取名为“羽”，以“鸿渐”为字。“鸿鹄于陆。其余可用为仪”[9]意思是说鸿雁渐进到大陆，羽毛可用在礼仪中，吉祥之意。

在这里对陆羽的成长经历也作一个简单的介绍。陆羽3岁时成为弃婴，被杭州西湖边的陵龙盖寺住持智积禅师抚养成人。禅师好茶，在日常的生活中潜移默化地影响着陆羽。21岁时，陆羽开始遍游江南茶区，每到一处都详细记录了当地种茶、制茶、烹茶、饮茶等资料，这些便为《茶经》的编写奠定了基础。安史之乱爆发后，陆羽结识了同样好茶的僧人释皎然，与其结为至交，皎然给予陆羽很多茶方面的指导和帮助，并留下了《寻陆鸿渐不遇》的诗作，从中也能感受到陆羽编写《茶经》的艰辛。《茶经》的编写前后共历时将近30年，浓缩了陆羽毕生的精力和心血（图1-8）。

寻陆鸿渐不遇

唐·皎然

移家虽带郭，野径入桑麻。
近种篱边菊，秋来未著花。
扣门无犬吠，欲去问西家。
报道山中去，归时每日斜。

图 1-8　陆羽雕像

陆羽《茶经》不仅是对唐代茶文化的总结，更极大地促进了唐代茶文化的发展。陆羽之后，相继出现了不少茶文化方面的书籍，比如苏廙的《十六汤品》从煮茶时间、茶汤品质和器具等方面对唐代茶艺进行了补充。张又新的《煎茶水记》，将茶与水相联系，使山川、自然与茶有了更为广阔意义上的结合。卢仝的七碗茶诗、刘贞亮的茶十德，以及唐代诗歌中那些对茶的描写，都在文化和精神层面，促进了唐代对于茶文化的认知和普及。

历史脉络

茶从发现到今天已有四五千年历史，不同的发展阶段都有其独特的风貌特征，也创造了丰富多彩的茶文化。

茶道精神

岁月流转中，茶文化沉淀下来的不仅是物质和文化，更是一种精神。

茶文化与儒释道

李汉荣：“茶是最朴素、最淡泊的美物。”

关乎茶文化、茶道精神的书籍非常多，从本心而言，我一直不敢涉足或不敢妄言，心中存着很大的敬畏之心。学习之余，以最中规中距的写法总结一下茶文化中儒、释、道的内涵，以达到本篇整体的完整性。

中国的茶文化不是受单一教派思想的影响，而是互相渗透、互相影响，在融合中达到和谐。赖功欧所写的《宗教精神与中国茶文化的形成》中提道：中国茶文化最大限度地包容了儒释道的思想精华，融汇了三家的基本原则，从而体现出“大道”的中国茶文化的精神[10]。故在此对儒、释、道思想学说与茶文化的关系进行简要的梳理。

源头——茶文化与道教：道家追求“顺其自然，修本心得自我”。这种“自然观”的理念与茶的自然属性极其吻合，而这也恰好是茶文化所传达的“虚

静恬淡”的本质所在。喝茶能让人逐渐静下来，不急不躁，顺应本心。

核心——茶文化与儒家：儒家学说的核心是以礼教为基础的“中和”思想。唐末刘贞亮在《饮茶十德》中提出“以茶利礼仁”，而“礼”与“仁”都是儒家学说的核心理念之一。饮茶可自省、可审己，而只有清醒地看待自己，才能正确地对待他人。方雯岚在《从精神到形式——儒家茶礼创作》写道：“在茶文化中所体现出的一种人生态度，基本点在从自身做起，落脚点在‘礼仁’，儒家的‘中和’的思想境界始终贯穿于茶文化中。”[11]

推进——茶文化与佛教：佛教禅宗在茶文化发展过程中，起到了很好的助推作用。他们在茶业的种植、饮茶文化的传播与推广以及茶美学境界提升等方面贡献巨大。文献记载中，历史上许多名茶出自禅林寺院[12]。禅茶一味等对茶道产生了很大的影响，对于美学方面更是起到了极大的推动和提升作用。吃茶与佛教相融合，最著名的，莫过于“吃茶去”的典故。

“吃茶去”典故

“吃茶去”是禅门的一个经典典故。

唐朝时，河北赵县有一座禅寺，也被叫作观音院。在这座观音院中，曾有一位德高望重的从谂禅师在此驻足。一天，这个禅庙里来了两位新的僧人，禅师问其中一位僧人：“曾经来过吗？”僧人说：“没来过。”禅师便跟他说了一句话：“吃茶去。”然后，又问另一位僧人同样的问题，答曰：“曾经来过。”而禅师便也同样回答：“吃茶去。”这时候院主就问禅师：“为什么来过的要吃茶去，没来过的也要吃茶去？”禅师还是同样的回答，让院主也“吃茶去”[13]。

禅的参悟，在于体验和实证，参禅和吃茶一样，茶的滋味要自己体会，禅的滋味也是如此，别人说出的滋味终究不是自己的体悟。对于“吃茶去”这个典故，个人从这三个方面获得启发：

1. 要明确自己的初心，不要人云亦云。

2. 静下心来，排除杂念，专心致志。

3. 学会放下，懂得舍弃，保持一颗纯净与空灵的心。

影像二

茶家具与中国家具发展的关联性

茶家具的解读

关于茶家具，并没有特别明确的专属概念。近几年，随着中国自主设计品牌的崛起和茶艺培训的推广，一些设计独特又美观的茶室空间和家具，逐渐引起人们的关注。通过查阅文献资料，参阅高婷的《茶文化与茶家具设计》、廖宝秀的《历代茶器与茶事》、扬之水的《唐宋家具寻微》等著作，以及一些茶空间和茶席设计的专业文章，笔者对茶家具的解读提出以下观点：

1. 陆羽《茶经》中最早提到的茶之具、茶之器，都包含与制茶、喝茶相关的各种工具与器皿，茶家具便包含在其中，这也是最早关于茶家具的记载。

2. 茶家具都是以茶为核心展开，广义而言，不仅包含了茶桌、茶凳、茶椅、屏风、茶叶柜、茶水柜等家具，也包含与之配套的相关小件器具，如茶盒、提篮、茶棚、花几、花器、香插、杯架、收纳箱、托盘、食盒等。

3. 茶家具以茶事空间为基础进行选择与布置，其功能、使用方式、尺度及摆放等，都是为了更好地完成茶事活动，营造更好的氛围。

4. 现代茶家具形成的围合空间，不仅是个人独处空间，也是现代新型社交常见的空间之一。

茶家具与中国家具发展的关联性

茶生活离不开茶家具，而茶家具也不是孤立存在与发展的，它融合在中国家具发展的各个历史阶段，在家具发展的历史长河中，同样经历了风风雨雨。

此处整理关于中西方家具的风格对比、中国古典家具的特点归纳，从而展现中国家具发展的历史脉络和特点，见表 2-1 和表 2-2。

读者可以清晰地了解中国家具发展的框架，从而更好地理解茶家具的发展。本书对于茶家具的发展脉络只集中在清代之前的这段时间。现代设计非常丰富，品牌众多，这里不作专门的梳理。

表 2-1 对古代到近代中西方家具风格进行了对比与总结，从中不难看出，中国家具的风格演变到了近代就比较少了，茶家具作为中国家具的一个小小的门类，其发展与整个中国家具的发展是相呼应的。通过两个表格的总结，可以更好地理解本书第三部分古画中的那些茶家具和画中人物的茶生活方式。他们都是中国家具发展中不可缺少的，是中国传统文化的一部分，一起构成了丰富多彩的中国家具。

茶家具与茶生活

随着现代中国原创设计力量的崛起，饮茶文化作为一种普遍流行的生活方式受到越来越多人的关注，茶艺培训、书院茶室、茶空间等的增多，也促进了现代茶家具的发展，茶家具原创设计和独立品牌逐渐兴起，茶美学也被提升到新的历史高度。

茶，不仅是一种生活方式，也是一种生活态度。茶人、茶事、茶空间，这些都是茶生活的一部分，茶家具作为茶空间的媒介，承载了茶、人、器之间的茶事交流，展现了茶、器与空间的美。有茶生活的地方不一定有茶家具，但有茶家具的地方都会有茶生活。

本书希望通过对古代茶画中所呈现出的茶事和茶家具的解读，挖掘茶家具内在的本源和恪守的文化自信，通过对古代经典的解读与诠释，为现代设计的创新创意提供有益的参考，并希望能更好地推动和发扬茶文化和茶相关的产品设计，更好地提升现代茶生活的品质。

表 2-2 是根据作者 2009 年再版的《家具设计分析与应用》一书整理而成，这样可以让读者在了解中国家具总体特征的前提下，更好地理解随后讲解的古画里的茶家具及茶生活。

表 2-1　中西方家具风格对比

<table>
<tr><th colspan="3">西方家具史</th><th colspan="2">中国家具史</th></tr>
<tr><th colspan="2">年代</th><th>风格</th><th>年代</th><th>风格</th></tr>
<tr><td colspan="5">公元前 5 世纪之前</td></tr>
<tr><td colspan="2" rowspan="4">古代时期</td><td>古埃及家具</td><td rowspan="4">商周—秦汉</td><td>商周家具</td></tr>
<tr><td>古亚述、古巴比伦家具</td><td>春秋战国家具</td></tr>
<tr><td>古希腊家具</td><td>秦代家具</td></tr>
<tr><td>古罗马家具</td><td>汉代家具</td></tr>
<tr><td colspan="5">公元 5—15 世纪</td></tr>
<tr><td colspan="2" rowspan="3">中世纪</td><td>拜占庭家具</td><td rowspan="3">魏晋—宋元</td><td>魏晋南北朝时期家具</td></tr>
<tr><td>罗曼式家具（仿罗马式家具）</td><td>隋唐五代时期家具</td></tr>
<tr><td>哥特式家具</td><td>宋元时期家具</td></tr>
<tr><td colspan="5">公元 15—19 世纪</td></tr>
<tr><td rowspan="23">近代时期</td><td rowspan="6">文艺复兴时期</td><td>意大利文艺复兴时期家具</td><td rowspan="23">明—清</td><td rowspan="6">明代家具</td></tr>
<tr><td>法国文艺复兴时期家具</td></tr>
<tr><td>英国文艺复兴时期家具</td></tr>
<tr><td>德国文艺复兴时期家具</td></tr>
<tr><td>尼德兰文艺复兴时期家具</td></tr>
<tr><td>西班牙文艺复兴时期家具</td></tr>
<tr><td rowspan="7">巴洛克时期</td><td>意大利巴洛克风格家具</td><td rowspan="7">明末清初家具</td></tr>
<tr><td>法国巴洛克风格家具</td></tr>
<tr><td>英国巴洛克风格家具</td></tr>
<tr><td>荷兰巴洛克风格家具</td></tr>
<tr><td>德国巴洛克风格家具</td></tr>
<tr><td>西班牙巴洛克风格家具</td></tr>
<tr><td>美国早期殖民地式家具</td></tr>
<tr><td rowspan="5">洛可可时期</td><td>法国洛可可风格家具</td><td rowspan="5">清代家具</td></tr>
<tr><td>英国洛可可风格家具</td></tr>
<tr><td>意大利洛可可风格家具</td></tr>
<tr><td>德国洛可可风格家具</td></tr>
<tr><td>美国晚期殖民地式家具</td></tr>
<tr><td rowspan="5">新古典时期</td><td>法国新古典家具</td><td rowspan="5">清代晚期家具</td></tr>
<tr><td>英国新古典家具</td></tr>
<tr><td>美国新古典家具</td></tr>
<tr><td>德国新古典家具</td></tr>
<tr><td>意大利新古典家具</td></tr>
</table>

表 2-2 中国各时期传统家具的造型与装饰特点

时期	时代背景	造型与装饰特点
商周和秦汉时期	a. 青铜器高度发展，各种礼器对家具种类的发展起到了较大的推动作用；b. 由于采用木材为材料，实物存留的很少；c. 秦汉时期，丝绸之路打开了中国与外界的沟通，胡床引入，并对当时的生活方式产生了巨大的影响	a. 髹漆与雕刻技术应用广泛；b. 装饰纹样主要为饕餮纹、云纹、雷纹和叶纹等；c. 床上设帐幔；d. 鲁班发明了锯，当时主要的工具有铁斧、铁锯、铁钻等；e. 家具结构为榫卯结构；f. 家具的尺度比较小，适应于“席地而坐”的生活习惯
魏晋至宋元时期	a. 这一阶段，中国经历了多个王朝的更替和民族的交融；b. 中外文化交流增多，席地而坐的方式开始改变，垂足而坐为高型家具的出现创造了契机，到宋元时期，垂足而坐已比较普遍；c. 唐代的贞观之治，促进了经济的发展，也造就了唐代家具的宽大、富贵、华丽的风格；d. 宋元时期是中国历史上文化、艺术、美学、诗词发展的顶峰，他们为明式家具的形成奠定了基础	a. 出现了高形家具，如椅、凳、墩、琴几和双人胡床等；b. 装饰纹样多与佛教有关；c. 唐代家具造型浑圆、丰满、宽大、厚重，出现了鼓墩、莲花座、藤编鼓墩、板足案和翘头案等家具形式；d. 宋代家具形式趋于简洁、实用，高几、高桌、高案和抽屉桌等纷纷出现，在结构上，牙板和霸王枨等加固部件也趋于完善
明朝时期	a. 明朝初期，政府采取的一系列顺民改策，使经济有了较大的发展；b. 家具理论书籍的出版，包括《鲁班经》《髹饰录》《天工开物》和《园冶》等；c. 郑和下西洋带回大量优质木材如黄花梨、紫檀木等；d. 大兴修建私人庭院宅第，这些私家园林的修建对家具的发展起到了巨大的推动作用；e. 文人的参与，使明式家具在造型和结构上更加独特和完善	a. 采用较优良的硬质树种制作；b. 充分体现木材原有的纹理和色泽；c. 采用木构架的结构，极少用钉和胶；d. 一些局部的装饰件同时又是很好的结构部件如霸王枨、卡子花、券口和牙条等；e. 造型挺拔秀丽、刚柔相济；f. 整体装饰也恰到好处，简洁大方；g. 主要采用以紫檀、花梨、铁力木和红木等硬木原料；h. 家具的种类和样式也相当丰富，如墩、罗汉床、翘头案、闷户橱、博古架等
清朝时期	a. 清初家具依然保持了明式家具的风范；b. 由于社会在相当一段时间比较稳定封闭，家具显露出豪华、精细的风格，但创新不够；c. 鸦片战争以后，经济衰退，家具也进入了一种奢华、浮躁的阶段	a. 装饰华贵、风格独特、雕刻精巧，极富欣赏价值；b. 后期过于注重技巧，一味追求富丽奢华，繁琐的雕饰往往破坏整体感，而且造型笨重

影像三

古画中的茶生活与茶家具

在古典家具的研究体系中，利用古画中的家具资料来引证存世家具，已成为一种重要的研究手段。这一部分是本书重点讲述的内容。古画中的茶家具在造型形制上有着非常大的参考与借鉴价值，而一些古画中展现的茶事活动的画面，大多真实反映了那个时代的生活场景，对于今天茶家具的研究，有着十分积极的意义。古画与茶事、古画与茶器都有专门的书籍予以讲解，而专门讲古画与茶家具的书几乎没有，本书对这个部分进行系统梳理，并侧重在茶家具的形制特征、功能与使用方式、茶美学等方面进行说明。

古画也被叫作古代绘画，涉及岩画、帛画、墓室壁画、纸绢画等，是中华民族艺术与文明的重要组成部分。每一幅古画都是历史巨树上的一片小小的树叶，但它却承载了当时社会的特有信息。挖掘图像与历史之间的有机关联，研究其背后隐藏的属性与本源，这也是本书主要的目的之一。

本书从茶文化与家具文化的视角对历代古茶画进行筛选，通过画中展现的茶家具、茶事活动的点滴细节，探寻中国茶家具的发展、特征等，并希望给现在的设计师、茶饮爱好者等一些有益的借鉴与参考。

需要特殊指出的是，本书不是对古画的表现手段、艺术效果、详细出处等的专业赏析，而是侧重挖掘古画中有关茶生活与茶家具的内容，找到那个时代茶家具设计和文化上的一些特点。抓住每一个值得研究的图像细节，借助逻辑学的思维方式，以历史文献为支点，进行客观解读，从中发现这片树叶与历史之树的联系。

今天国家所提倡的文化自信，从本质上来自文化自觉，要从源头上了解本民族的文化历史。茶文化缘起于中华大地，历经千年的发展，已经成为中华传统文化不可或缺的一部分。笔者对古代绘画中与茶事有关的作品，进行仔细的研读，从中了解中国茶文化的发展，探寻与茶家具相关联的信息与隐藏于背后的设计符号，从这些经典中思考当下的设计，如何更好地继承传统，并能更好地进行创新创意的发展，推陈出新。

启蒙时期——上古至东汉

「茶之为饮，发乎神农氏，闻于鲁周公」，在茶的启蒙时期，感受远古自然与拙朴的吃茶文化和茶生活。

表 3-1　启蒙时期（上古—东汉）茶生活与茶家具

饮茶方式	a. 药用、解毒，主要以吃茶形式为主
	b. 汉时已有茶饼
使用者	a. 早期为需要药用解毒之人
	b. 西周之后，贵族、文人开始饮茶
特点	a. 无专门的茶家具和茶器，都是一器多用，与其他饮食起居家具混用
	b. 家具体量较小，较矮
	c. 早期粗犷，厚重；春秋之后，形制偏向轻巧，注重装饰，更加精美华丽
	d. 卷书造型、壸门等形式出现
种类	a. 早期有俎、禁、棜、席
	b. 后期有榻、屏、几、案等
材质与工艺	a. 木材为主
	b. 髹漆技艺成熟
	c. 鲁班发明木工工具，开始有榫卯结构，铜合页等，木工工艺逐渐发展成熟
生活方式	席地而坐，榻是主要的生活起居的活动中心
使用环境	室内为主

半坡遗址房屋与器皿

图 3-1　半坡遗址原始人居住的房屋（半地穴式）

我们的原始先民从旧石器时代的居无定所，逐渐发展到新石器时代简陋茅屋的定居之所。虽然当时的房屋条件非常简陋，低矮而狭小，但为适应这样的居所，诞生了延续中国数千年的传统席地坐的起居方式[14]，图 3-1 半坡遗址原始人居住的房屋可见一斑。直到春秋时期，鲁班发明了木工工具之后，木工工艺日渐发展与成熟，促使了木构建筑的兴起，人类逐渐脱离了原始的穴居生活，与居室配套使用的家具也随之得到了发展。从出土的文物看出，当时用青铜制作的俎、禁、棜（图 3-2），原本是祭祀用的礼器，却成为后世家具中几、案、桌、箱、橱等的雏形。

陆羽的《茶经》中指出："茶之为饮，发乎神农氏，闻于鲁周公。"在《尔雅》中也有记载："周公知茶。"据史料记载周武王伐纣时，西南诸夷从征，蜀人将茶带入中原地区[15]。这也印证了陆羽所说"闻于鲁周公"，茶在周的时候已经开始萌芽，汉时已经有茶饼。

古人最早的饮茶方式是直接口嚼食用，也就是"吃茶"。之后开始用火煮，亦可加入佐料。那时的人们只把茶作为一种羹汤食材来饮用，或者把茶作为菜来食用，亦有"茗粥"之说。唐代杨华《膳夫经手录》中记载："茶，古不闻食之，近晋宋以降，吴人採其叶煮，是为茗粥。"从半坡遗址挖掘的器皿来看（图 3-3），当时的先民已经开始使用陶质水器，这些陶器就是茶器的雏形。这个时候，茶叶与食物共同盛放，茶器、茶家具都是一器多用。

（a）商代青铜俎

（b）西周铜棜

（c）春秋铜禁

图 3-2　青铜俎、棜、禁

图 3-3　半坡遗址发掘的器皿

图 3-4 漆木案（战国时期）

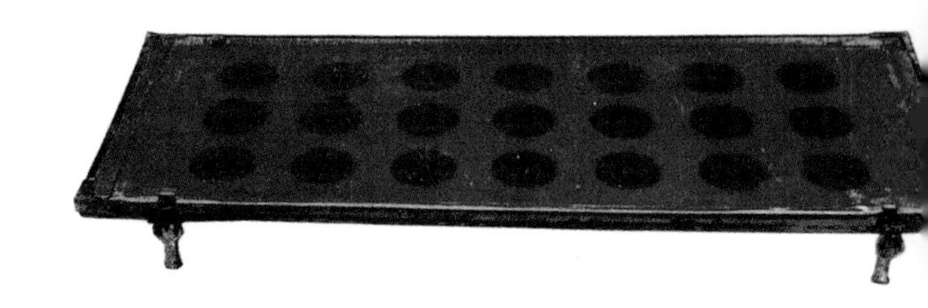

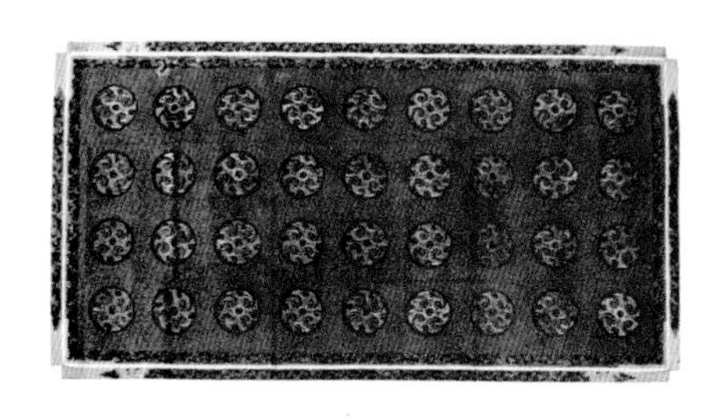

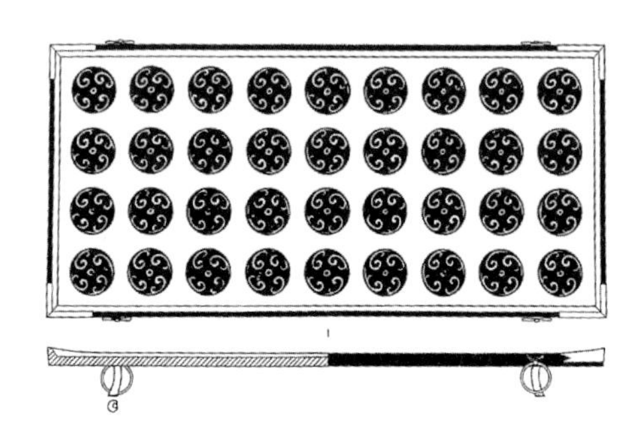

早期出土家具

这些年代久远的家具，不仅造型大气稳重，更承载了太多古老的记忆，在这些记忆中可以找寻设计灵感与智慧之源，在复古中创造与延续生命。从这些出土的夏商周俎、禁、案中看到了榫卯结构、卷书造型，以及壶门的雏形等，即便是崇尚简约审美的今天，这些结构与形式也是不过时的，其中一些元素也被现代设计师们加以演化，形成新时代中新的时尚与流行样式。

图 3-4 中的漆木案造型简约，各个木构件同时也是结构必需的部分，没有多余的装饰和部件，纤细雅致。这种案式器具最初是从禁分化出来的，将置酒器、食具、茶器为一体。

图 3-5 中汉墓出土的大房是一种特殊式样的俎，横板与竖板之间用榫卯相接，端头弯卷造型也是后来靠背椅搭脑正中出现的“卷书”设计的雏形，对后世家具的影响可见一斑。图 3-6 和图 3-7 可清晰地看到当时家具的结构。图 3-8 为黑漆凭几，是席地而坐时期很重要的凭靠类家具，清代时也依然在用。

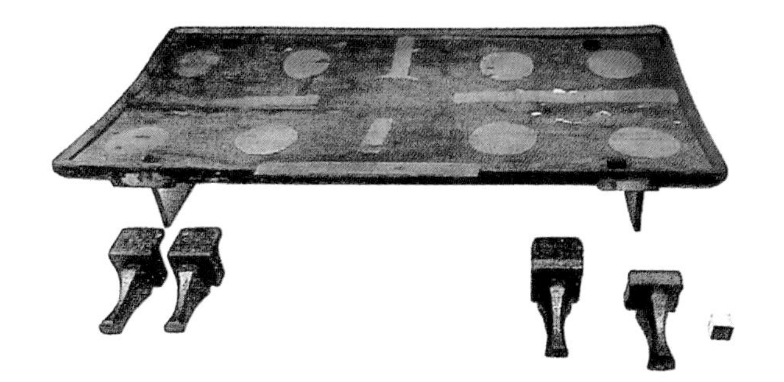

图片顺序自上而下：

图 3-5　大房（汉墓出土）

图 3-6　彩绘漆案（西汉墓出土）

图 3-7　鎏金铜禁（西汉墓出土）

图 3-8　黑漆凭几（三国吴朱然墓出土）

汉墓壁画《夫妻宴饮图》

图 3-9 为汉墓壁画的一个局部场景图，反映了汉时人们的起居与生活方式。王褒的《僮约》中记载有关于茶的两个重要信息：“武阳买茶”和“烹茶尽具”。前者是说人们要去武阳（今四川彭山县）买茶，后者说人们会经常煮茶，并且洗涤所有茶具。从这些只言片语的信息中可以看出，至少在西汉时期，茶已成为四川地区的日常饮品之一，人们已经从原始的“吃茶”变为“煮茶”。所以，这个时期的壁画所体现的杯盏和饮茶有很密切的关联。

仔细探究画中的家具，如图 3-10 的家具说明，图中的案、几、榻、屏是当时人们生活起居的主要家具，漆碗、酒樽、圆檏都是当时流行的器具。根据文献所述，这些家具和器皿不仅可以用作酒饮，应该也是作为茶饮的一部分来使用的。

图中矮足带屏的大床，形制简单，床前放置一个曲足矮案，案中间放一朱色食案，上有 5 个黑漆小耳杯，这里的食案是当时常用的器具之一。《后汉书 · 梁鸿传》有：“孟光举案齐眉，不敢于鸿前仰视。”这里面的“案”就是食案，因为轻巧灵便，举案齐眉是非常轻松的事，也成为流传至今的典故[16]。图 3-11 为长沙马王堆出土的漆案。画中右侧侍女面前的三足圆檏（图 3-9），它来自于早期的禁。图 3-12 的实物图和图 3-13 的局部放大图中可以看出，圆

图 3-9　汉墓壁画《夫妻宴饮图》（局部）

图 3-10 《夫妻宴饮图》家具说明

图 3-11 漆案
（长沙马王堆一号出土）
图 3-12 鎏金箭形樽
（下附圆檈，樽高 41cm、口径 35.3cm、盘径 57.5cm[17]）

檈边沿一圈高出，可以起到拦水的作用，其上放一件三足箭形樽。侍女手持一长柄勺，从樽中酌酒或茶。这些器物与汉代人的生活密切相关，在后面的壁画和砖画中也得到了印证。

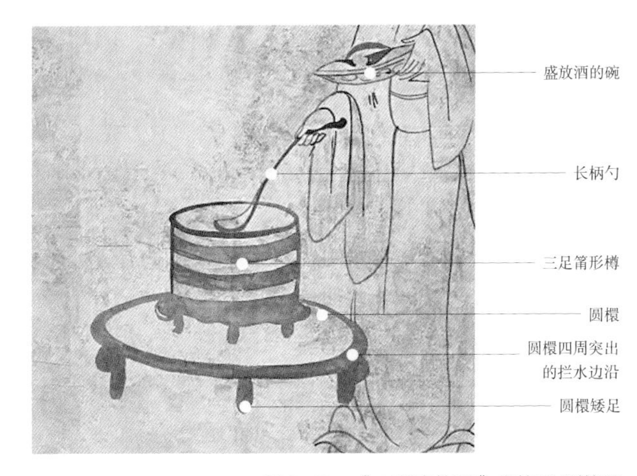

图 3-13 《夫妻宴饮图》煮饮器具说明

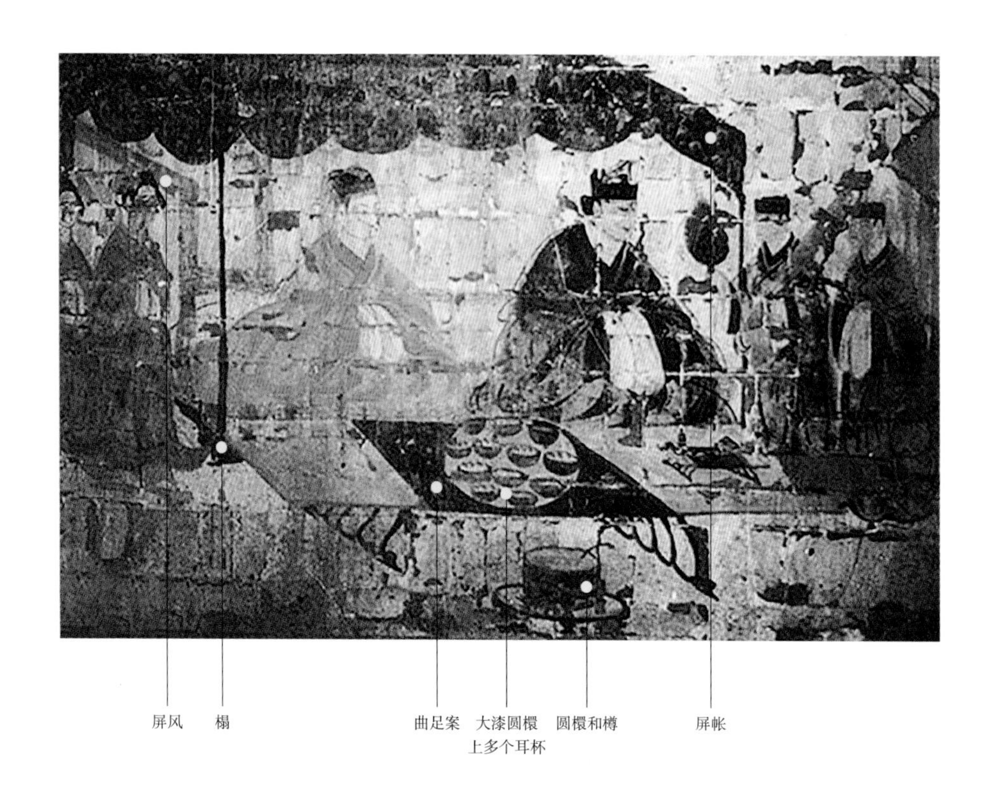

图 3-14　河南洛阳朱村汉墓壁画（局部）家具说明

河南洛阳朱村汉墓壁画

在这个壁画中出现了带帷帐的屏风，与榻一起使用。图 3-14 对壁画中的家具进行了示意说明，画中一对夫妻坐在榻上，榻的一侧设有屏风，上面有平顶帐。榻前依然放置曲足案、耳杯、圆寰、内置长柄勺的樽。这种饮茶（酒）的待客方式以及家具和器具的使用，都是茶家具和茶事活动的雏形。画面展现的仆人较多，带帷帐的屏风榻精美华丽，可见当时茶饮或酒饮更多是被贵族阶层享用。

汉墓画像砖

图 3-15 为汉墓砖雕，这些四川、南阳、浙江等地汉代画像砖中，都有杯盏、圆樏和樽的形象，可以看到品茶或饮酒者应该是贵族或隐士，围绕在他们身边都有不少奴仆，还有专门的乐伎击鼓弹琴奏乐，可见茶或酒最初的流行是在贵族阶层，从这些石刻中可以看出那个时期普遍的生活场景。

南宋地理学家王象之所著的《舆地纪胜》记载："西汉有僧从岭表来，以茶实蒙山。"领表也就是今天的岭南，可见蒙山在西汉时就已经开始种茶。从凌皆兵的《由汉画看汉代的饮茶习俗》中可以了解到湖南长沙马王堆西汉墓和湖北江陵马山西汉墓的考古发掘中，均有茶叶出土[18]。有茶就有茶生活，就有与之相关的茶事与用具。

三国时期《广雅》中最早记载了饼茶的制法和饮用："荆巴间采叶作饼，叶老者饼成，以米膏出之。"汉代，茶已经不再局限于药用，已成为一种饮料。徐婷在《浅谈中国茶文化的传承》中分析：在《僮约》中提到的"武阳买茶"的"买"字，告诉我们当时茶是买来的[19]。在汉代社会，人们的商品经济意识不强，经济总体也并不十分发达，所以，在当时能够享用茶的不会是普通老百姓，与茶最早结缘的人应该是文人、雅士、贵族等。

图 3-15
汉代画像砖

顾恺之《列女仁智图》

图 3-16 《列女仁智图》家具说明

这是东晋顾恺之所作的一幅经典画作，描摹的场景内容为汉代刘向《古列女传》第三卷《仁智传》中的人物故事，但图中保留了较多的汉代风俗，所以本书把此画作为这一时期茶家具的一个参考。画中可看到卫灵公坐在三面围合的屏风榻中，夫人跪坐在席子上，二人中间摆放茶盘、灯台。这些简单的家具和陈设品便形成了一个空间，在这个空间中可以饮酒、喝茶、交谈。

图 3-16 对画中家具进行了示意说明。画中三围屏风榻的结构清晰可见，一目了然，四个宽大的边框中间嵌入山水画屏心，做工精致。屏风榻是当时人们生活起居的活动中心，是非常重要的家具之一。《物绘同源：中国古代的屏与画》一书，对屏风进行了专门解析，从图 3-17 和图 3-18 也可以看出古人在结构与设计方面的智慧[20]。春秋战国时期，鲁班发明了木工工具，木工工艺也逐渐发展起来。中国古代使用木材较多，例如木建筑、木家具等，这些古画中的家具也从另一个侧面见证了中国古代木工工艺的发展和古代匠人的智慧。

图 3-17　屏风样式示意图

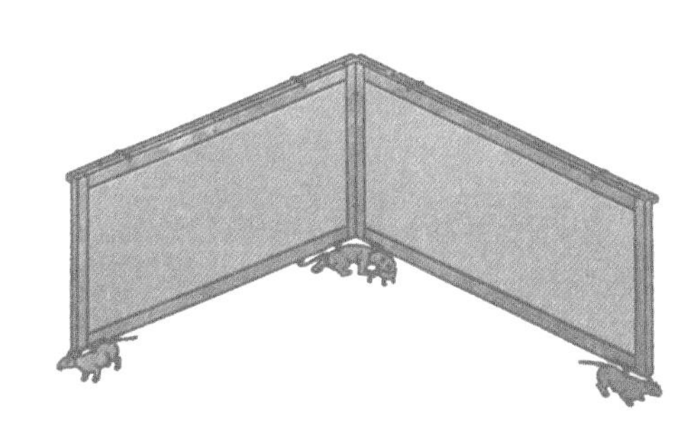

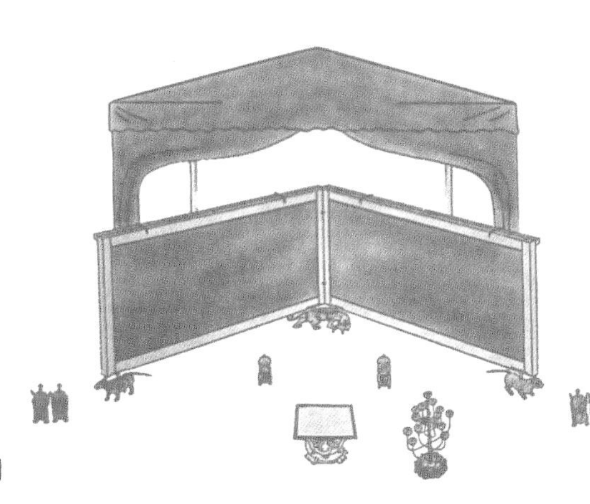

图 3-18　屏风结构示意图

萌芽时期——魏晋南北朝

在以茶待客的魏晋南北朝，感受煮茶的简朴与粗犷；在莫高窟壁画中，找寻生活方式改变的踪迹。

表 3-2　萌芽时期（魏晋南北朝）茶生活和茶家具

饮茶方式	a. 煮茶法普及
	b. 煮茶法即直接将茶叶放入水中，加入其他辅助佐料一起煮饮
使用者	a. 贵族、文人、士大夫
	b. 僧人
特点	a. 无专门的茶家具和茶器
	b. 胡床传入，家具形制变得丰富
	c. 席地而坐和低矮家具并存
	d. 家具体量开始变大
	e. 床榻造型和装饰更加丰富，屏帐帷幔做工精美华丽
	f. 家具中箱型、壶门等形制常见
种类	胡床、墩、凳、凭几、隐囊、榻、屏风榻、屏帐等
材质与工艺	a. 木材为主，也有竹、石、陶等材质
	b. 木工工艺与家具结构更加成熟，铜帐构，帐顶装饰件丰富
生活方式	a. 佛教传入，胡床出现，改变了席地而坐的生活方式
	b. 交脚而坐，垂足而坐开始变得普遍
	c. 床榻是主要的茶事活动中心，配合凭几、隐囊、案等
使用环境	室内为主

图 3-19　北魏莫高窟第 257 窟《须摩提女因缘》（局部）

北魏莫高窟第 257 窟和第 323 窟

《晋书》中曾记载陆纳以茶代酒招待谢安的故事，这在当时崇尚奢侈的情况下是很难得的，而且与陆纳同时代的将军桓温也恰好主张以茶代酒[15]，而这种以茶代酒和以茶养廉的本意在于纠正社会的不良风气。可见，在魏晋时期已经出现了以茶代酒的廉洁之风，这对于饮茶起到了很好的推动作用。

此外，南北朝时期佛教兴起，僧人倡导饮茶，也促进了“茶禅一味”思想的产生。道家修炼要打坐、内省，而茶可以醒脑、舒通经络，甚至在《续搜神记》《杂录》等书中还有关于饮茶可羽化成仙的故事。

这一时期也是各民族、各教派之间文化与艺术的融合，西域的“胡床”传入中国，给传统席地而坐的起居方式带来了很大的冲击，也使家具在形制和功能上相互渗透和影响。这一时期的壁画中已经出现了高型家具的萌芽（图 3-19~图 3-21）。虽然饮茶还没有专属的茶家具，但是从这些壁画中可以看到同时期家具的变化，是茶家具的重要参考。

壁画中虽然没有明显的饮茶场景，但南北朝时期，茶以其清淡、虚静的本性深受宗教徒的青睐。在《茶文化与品茶艺术》[21]和《图说中国茶》[22]等许多书籍中也都提到，由于僧侣们提倡坐禅的时候饮茶，使饮茶日益普及。当时，不仅一些文人墨客习惯于用茶来帮助思考，而且上层统治阶层也把饮茶作为一种高尚的生活享受。汉魏时期，已经出现了简单的煎茶方式，东晋杜育作《荈赋》提到择水、选器、酌茶，这为隋唐的煎茶法的流行奠定了基础。

图 3-19 是北魏莫高窟第 257 窟《须摩提女因缘》局部。壁画中的场景描写的是关于天竺的民间故事，画中可见二人共坐一个双人胡床说明当时胡床已经传入我国。胡床家具也被称作马扎、交床、交杌等。

图 3-20 是北魏莫高窟第 323 窟《昊延法师说天旱之由》的局部，画面中间可以看到左侧的矮榻和右边的高座。高座的叫法可参见《旧唐书》李蔚传中所写：“以旃（zhān）檀为二高座，赐安国寺僧徹。”其中高座应该是讲经说法的高士用来讲经的讲经台。这里已经能够看到高足家具的踪迹。

图 3-21 是北魏莫高窟第 257 窟《沙弥守戒自杀缘》局部，图中左侧可见一个坐方凳的老僧。方凳的出现说明当时人们生活方式已经发生了一些变化，这个阶段是矮型家具和高型家具并存的时期。

左图 3-20　北魏莫高窟第 323 窟《昊延法师说天旱之由》（局部）

右图 3-21　北魏莫高窟第 257 窟《沙弥守戒自杀缘》（局部）

图 3-22 （晋）顾恺之《女史箴图》（局部）

顾恺之《女史箴图》

图 3-22 为东晋顾恺之所绘的《女史箴图》局部，画中的榻已经采用了壸门的箱体形式，扬之水的《唐宋家具寻微》中，把此家具叫“卧帐”，是当时人们主要的生活起居家具。这种三面围屏的形式在魏晋开始流行，榻的四面为壸门箱式，上面有可以开合的围屏，与屏架上方的帷帐一起，构成了一个半封闭的私密空间。上面的平顶帐四周带有精美的流苏帷幔，制作非常华丽精致。榻前放置长条曲足案。这两件家具的尺度和体量与前朝家具相比都高大了很多。

这个时期的家具依旧承载了大部分人们居家的活动，床上设置带帷幔、屏风、小案、凭几和隐囊等，很多休闲活动如聊天、饮茶等都在床榻上进行。而这种平顶帐的设计主要依靠一种巧妙的构件铜帐构，也同时见证了木工工艺方面的长足发展（图 3-23）。

铜帐构与脊饰

从设计的角度来说，铜帐构是一个很巧妙的设计，也可以看出我们的先人在结构方面所表现出的智慧。这种铜帐构多用在床或榻的帐架顶端的连接安装。图中帐构件中间的莲花为脊饰，作为帐顶前端的装饰，其形式来自于建筑构件，脊饰用钉固定。图 3-23 和图 3-24 为不同造型的瓦钉和脊饰。因为有了这样的结构，家具的造型和形制也越来越丰富。

图 3-23　铜帐构（南京通济门外南朝墓出土）

图 3-24　帐顶装饰用瓦钉和脊饰

发展时期——隋唐五代

在中国第一部茶文化典籍陆羽的《茶经》和古画中，领略大唐茶文化和茶生活的发展与盛况。

表 3-3　发展时期（隋唐五代）茶生活和茶家具

饮茶方式	a. 以干茶煮饮为主，煎茶法开始流行
	b. 煎茶法的程序有备器、选水、取火、候汤、炙茶、碾茶、罗茶、煎茶（投茶、搅拌）、酌茶
	c. 有专门的茶家具和饮茶器具
	d. 以茶待客，饮茶普及并开始注重仪式感
	e. 第一本茶文化著作《茶经》诞生
使用者	贵族、文人、僧人、普通百姓
特点	a. 有专门的茶家具和茶器
	b. 高足家具越来越多，尺度和体量都变大
	c. 隋唐家具造型雍容华贵、浑圆丰满；五代时开始注重实用性、线条简洁，走向朴素
	d. 家具结构丰富，壶门箱体结构、框架结构、夹头榫等结构种类更加丰富
	e. 家具局部雕刻、镶嵌、雕花包角、锦缎软包、流苏等形式多样化
	f. 五代禅椅出现曲线的搭脑造型，为以后圈椅的雏形
种类	长案、方案、高榻、月牙凳、长条凳、方凳、带搭脑的扶手椅、榻、屏风、食盒等
材质与工艺	a. 木材为主，也有竹、石、陶等材质
	b. 木工结构种类多样化，髹漆、螺钿、雕刻、彩绘等工艺丰富
生活方式	a. 垂足而坐的方式开始普及
	b. 饮茶发展迅速，普及度高，从普通百姓到重大节日或宴饮活动都有茶饮
	c. 茶事活动以大案或床榻为中心，辅以凳、椅、食盒等
	d. 社会属性明显，饮茶成为重要的社交活动
使用环境	室内、室外都有

佚名《唐人宫乐图》

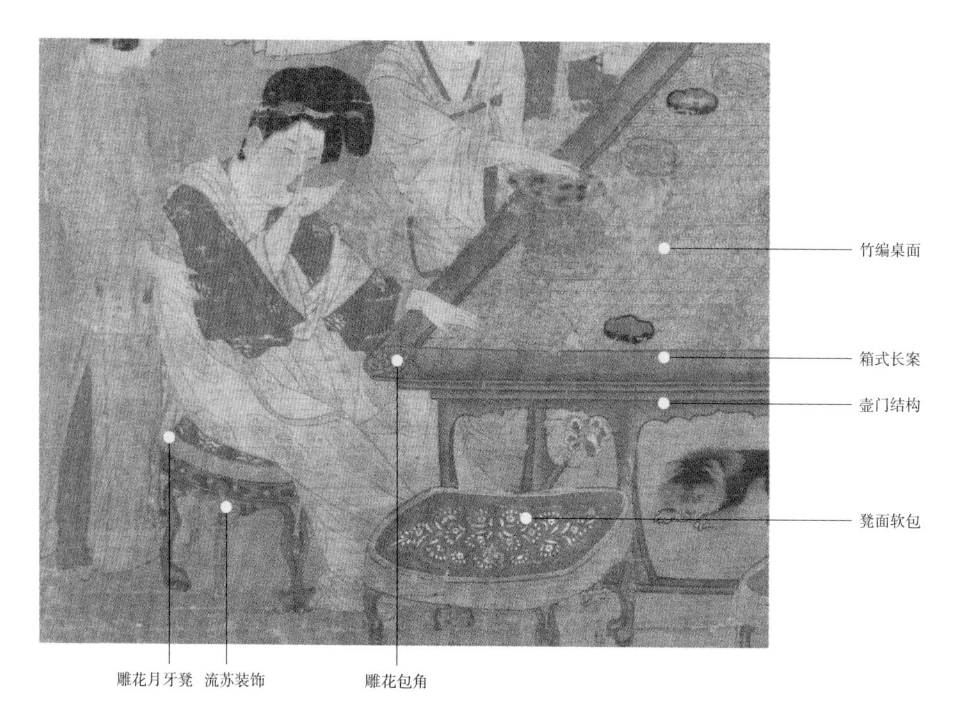

图 3-25 《唐人宫乐图》家具说明

陆羽在《茶经》中提道："煎茶法要经过备器、选水、取火、候汤、炙茶、碾茶、罗茶、煎茶和酌茶的一整套过程。"与此记载相比较，《唐人宫乐图》里展现的喝茶方式则相对简单很多，只展现了最后一个酌茶的环节。画面中间壶门箱式长案的中央放置一只很大的茶鍑（即茶锅），右侧中间一名女子手拿长柄茶勺，正在将茶汤分入茶盏里[23]。如图 3-25 和图 3-26，这里呈现的只是煎茶的最后环节，所用的器具只有茶鍑、汤勺和茶盏。

这幅画中主要的茶家具就是大的长案和月牙凳，见图 3-27 和图 3-28 的局部放大图。"案"起源于早期的"俎"，周代以后才有了"案"的叫法，宋代之后垂足而坐全面普及，"案"的高度随之提升，"桌"的叫法也流行起来。图中的长案体量较大，可以围坐十余人，以大的箱式壶门为主体，中间为竹编席面，边角有雕花包角，十分精美。茶凳是雕花腰鼓形月牙凳，带流苏，凳面有雕花，四边用绿色漆作装饰。整套家具尺度宽大，雍容华贵，也

正是典型的唐代风格。宫廷茶宴是唐代茶事活动的一个缩影，从图 3-29 的描摹本中可见有吹箫、吹篥、弹琵琶和弹瑶筝等乐器演奏。唐代饮茶已经成为宫廷休闲与文化生活的一部分，相应的家具种类和形式也逐渐丰富起来。此时用来饮茶的长案与月牙凳可以满足十多人共同参与，可饮茶、可吹弹、可闲聊，茶已经具有了一定的社交属性。从图 3-29 中也可以清晰地看到茶家具和茶器的精美。

此时，画面中所展现的茶生活既有悠闲惬意，又有风雅高贵，是多人参与的一项活动。月牙凳最初是由佛教中“筌蹄”演变而来，是佛教文化与中国生活方式融合与碰撞的产物。相关文献研究显示，“筌蹄”不仅是月牙凳的起源，也是所有凳类坐具的起源[24]。图 3-30 为盛唐莫高窟第 445 窟北壁《弥勒经变图》

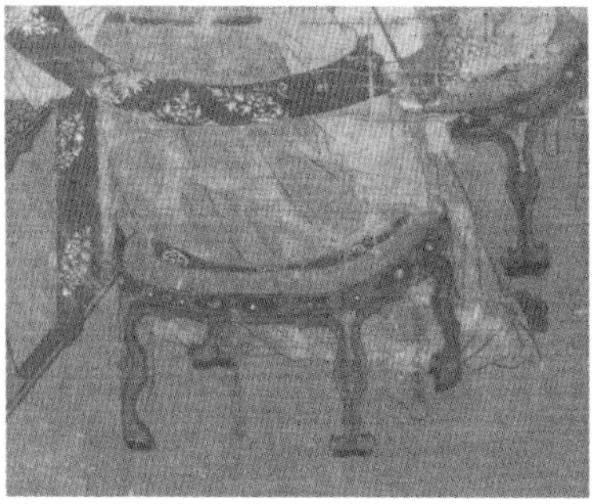

图 3-27　月牙凳局部

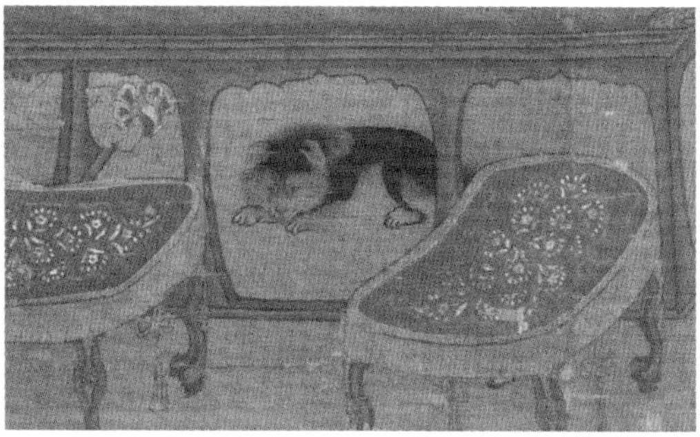

图 3-28　大案壶门结构局部

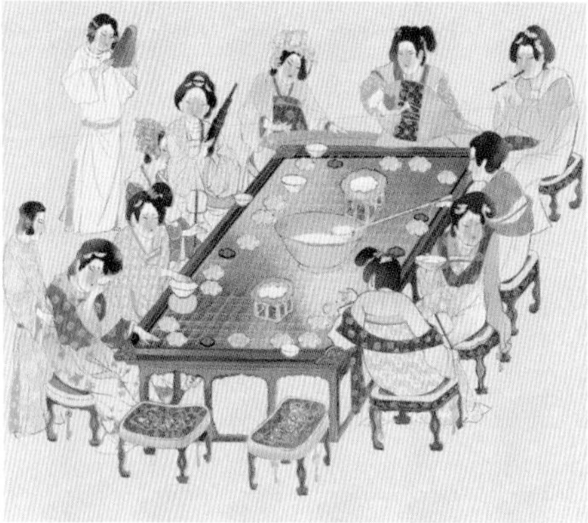

图 3-29　《唐人宫乐图》描摹图，曹亦舟绘制

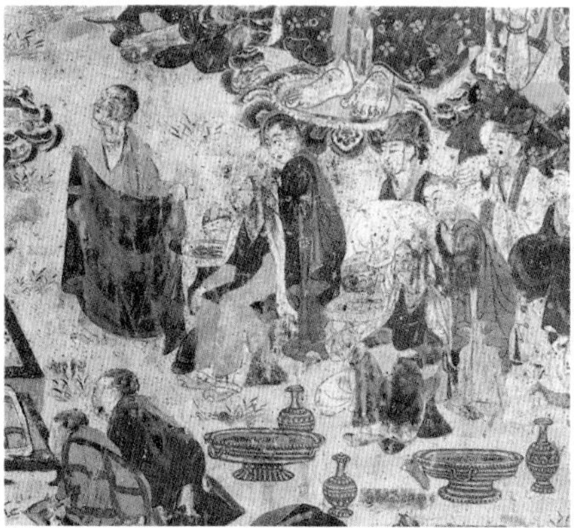

图 3-30　盛唐莫高窟第 445 窟北壁《弥勒经变图》（局部）

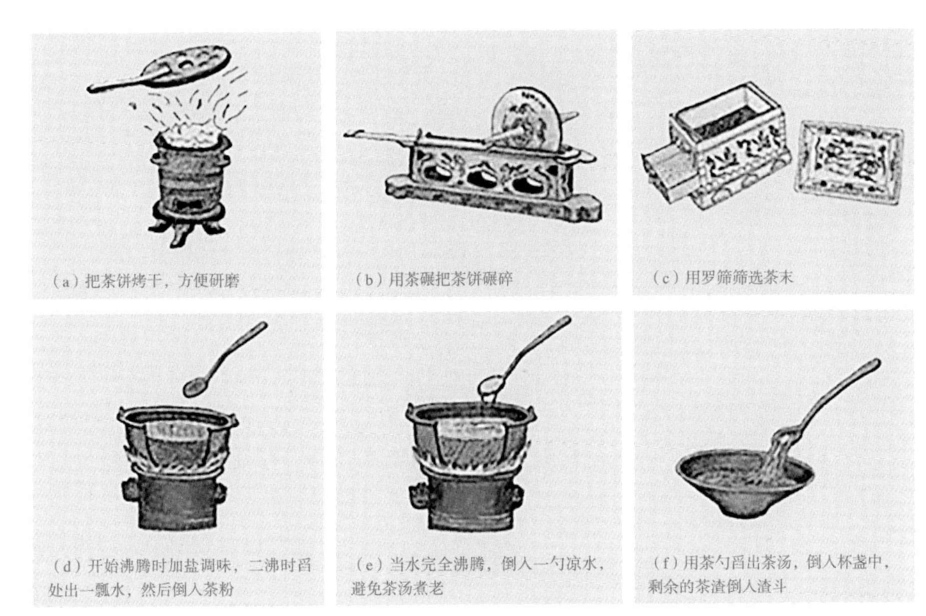

图 3-31　《茶经》煎茶步骤示意图描摹图

图 3-32　唐中晚期茶器一组
（2015 年河南省巩义市小黄冶村出土）

局部，图中左侧弥勒坐的就是筌蹄。这种形制的坐具到了唐代开始流行于宫中，并在座面上装饰精美的锦垫或绣帕，所以又被称为“绣墩”。它的造型风格将盛唐“以肥为美”“以圆为美”的美学观发挥得淋漓尽致。

陆羽《茶经》中所描述煎茶法的主要程序有备器、选水、取火、候汤、炙茶、碾茶、罗茶、煎茶和酌茶。图 3-31 为唐代煎茶法步骤、使用器皿，图 3-32 是唐中晚期的单彩和三彩茶器（2015 年河南省巩义市小黄冶村出土），两张图可以比较全面地反映唐代煎茶的生活器具和饮茶场景。这些都有助于更好地了解唐代的茶生活、饮茶器具和茶家具。

中唐壁画《野宴图》

图 3-33　西安长安县南里王村中唐壁画《野宴图》（局部）

唐朝的长安城曾是世界上最大的城市，也就是今天的西安所在地，西安周边也成为出土唐墓壁画最多的地方。1987 年，陕西西安长安县南里王村一座中唐墓葬里，发现了保存完整的壁画《野宴图》。李杰在《一幅壁画里的唐人生活》[25] 中对此画进行了解读："9 位男子围坐在一张方桌前，有人在闲聊，有人在饮酒，有人举目四望，有人击掌叫好，还有人静坐冥思；旁边的小童，手捧酒具（或茶具），恭敬地站立一旁，桌上菜肴丰盛，酒具精美，吸引了诸多路人观看。"从中也了解到关于此画的一些相关信息。

《茶经 · 七之事》中提到弘君举《食檄》："寒温既毕，应下霜华之茗，"意思是酒宴客来，寒暄后先上茶，可见当时的宴饮即使是酒宴，也必有茶招待。所以，图 3-33 的画面中展现的唐人游春宴乐的生活场景，也一定有茶饮。

画面中间的大方案四周围坐了九位男子，盘腿于长凳上，足见长凳的宽度之大；旁边的小童，手捧酒具（或茶具），恭敬地站立一旁；桌上菜肴丰盛，摆放着酒具或茶盏，周围还有许多驻足观看的百姓。画中的家具主要有大方案和长凳，都没有繁缛的雕花，也没有太多的装饰，应该是中小贵族的生活场景。从图 3-33 可看出此时的茶家具已经可以垂足而坐了，而且尺度宽大。

阎立本《萧翼赚兰亭图》

唐代，陆羽煎茶法兴起，对茶文化起到了极大的推动作用，饮茶变成了一件有体系的事情，也有了一定的仪式感，在这之前人们煮茶的方式还比较粗放。

唐代阎立本的《萧翼赚兰亭图》，现存的主要有北宋和南宋两个摹本（图3-34和图3-35），后世还有很多版本的描摹本。这幅画是唐朝著名的茶画[26]，中国茶叶博物馆编著的《话说中国茶》[23]一书中提到了此画，里面描绘的是唐太宗派遣监察御史萧翼到会稽，从辩才和尚那里骗取王羲之的《兰亭序》的故事。在阎立本的《萧翼赚兰亭图》里，明显呈现两个区域，一个是左边的备茶区，另一个是右边的品茶区。左下角一个仆人正弯腰，双手捧着茶托、茶碗准备分茶，以便向宾主奉茶。老仆人坐在藤蒲团上搅拌着茶汤，他面前有一个落地的风炉，炉上放置一个长柄的茶鍑，从里面不断升腾起茶汤冒出的热气。脚边还放了一张格栅形式的茶床，上面还有一个茶碗、一个撵茶的茶碾和装碎茶的茶盒。品茶区明显可见一僧人坐在高靠背带扶手的禅椅上，禅椅已经是可以垂足的高型家具的尺度了。

由画中可看出，唐朝饮茶文化的兴盛已经遍及民间，饮茶已成为人们日常生活所需，甚至寺院中不仅是僧众饮茶，还以茶待客[27]。这幅画不仅记载了唐朝寺院的茶事礼仪，而且比较详细地展现了唐朝时期的烹茶所用的相关器具，以及饮茶的方法与过程。画中除了如茶炉、汤瓶、茶盏、茶鍑等茶器外，还包

图3-34　（唐）阎立本《萧翼赚兰亭图》，南宋摹本

图 3-35　（唐）阎立本《萧翼赚兰亭图》，北宋摹本

乾隆丙子御題

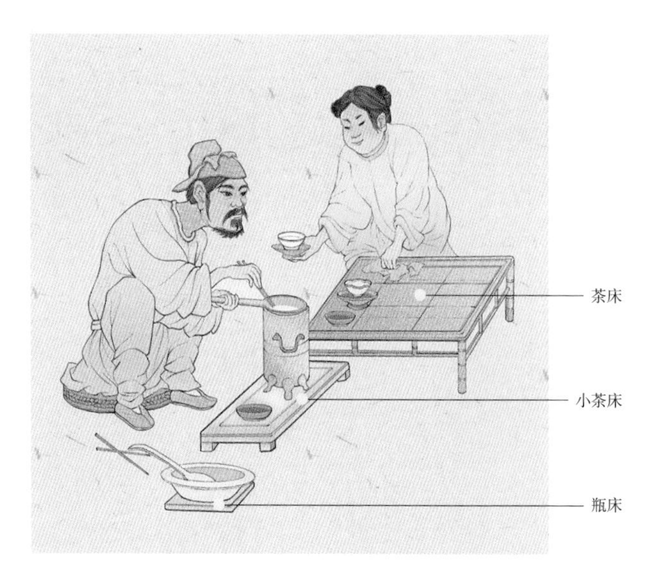

图 3-36　北宋（上）和南宋（下）描摹本茶器说明，曹亦舟绘制

含了茶床、蒲团、禅椅、矮凳等茶家具，画中的饮茶场景属于小型茶事活动，人少，以闲谈聊事为主，所以没有设大案。此外，与《茶经》中的茶器对比之下，不管是南宋还是北宋的描摹本，其画中展现的茶家具都带有一些宋代家具的风格特点。

首先，根据图 3-36 的注释，先重点说一下煎茶区的茶床。很多文献将此画中摆放茶盏、茶杯的竹制小架叫“茶床”。《中国古代器物大辞典》[28] 中有“茶床，置器物的架子”，茶床与唐陆羽在《茶经·四之器》中提到的“具列者，悉敛诸器物，悉以陈列也”的“具列”功能是相似的（图 3-37）。具列是可以陈列各种烹茶、品茶器具的架子，分为架式和床式，床式就是茶床的雏形。

其次，画中放着长柄勺的茶鍑不是直接放在地面上的，而是放在架子上的，这种用来放茶鍑的架子在《茶经》中叫“交床”，作用是固定茶鍑。后来在《卖茶翁茶器图》中被叫作“瓶床”，现在统称为瓶座（图 3-38），是用来稳定壶和瓶的器物，可以起到很好的稳定作用；不仅如此，瓶床还体现了人们对茶器的爱惜，不直接放在地面，凡茶器基本都有所托之物，也是饮茶仪式感的重要表现。

此外，两个版本中的茶炉下面的盛放物所表现的形制是不同的，一个与《茶经》中的“灰承”相似（“灰承”是用来盛放炭灰的）。另一个茶炉下面有类似小茶床的承托物，同时也可以摆放其他器具。

最后，品茶区的家具主要是椅子和凳子，高靠背扶手椅采用的是扭曲的木节和藤编的靠背，座椅不仅尺度变高，舒适性方面也有所提升。老僧人对面的客人所坐的长凳，形制朴素简单，而且可以垂足而坐，也有了宋代家具的影子。

《茶经》中关于器具的记载基本都在“茶之器”这个部分，图 3-39 引自廖宝秀的《历代茶器与茶事》[29]一书，列举了《茶经》中共 25 件茶器，其中贮盛类茶器的一部分和茶家具关联性较大，比如具列、茶台、茶几、都篮、茶籯以及茶棚柜或茶柜等。笔者进而通过表 3-4 对这 25 件茶器进行归纳，清晰地罗列出他们的功能与现代叫法的差异等。从表 3-4 中也可以看出一些器具早已退出现代茶生活的舞台，而大部分的器具依旧在现代生活中使用。

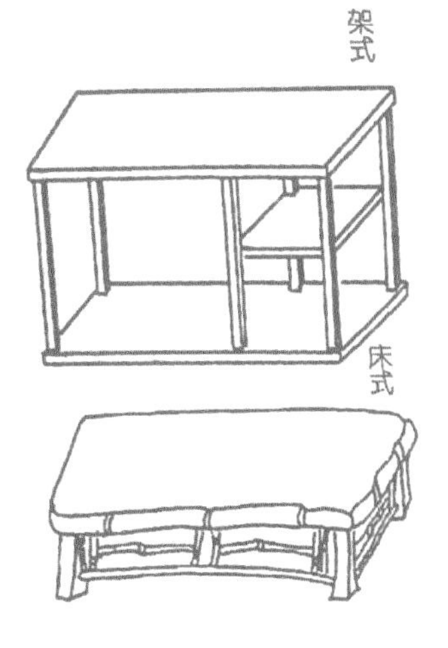

图 3-37 《茶经》中的具列

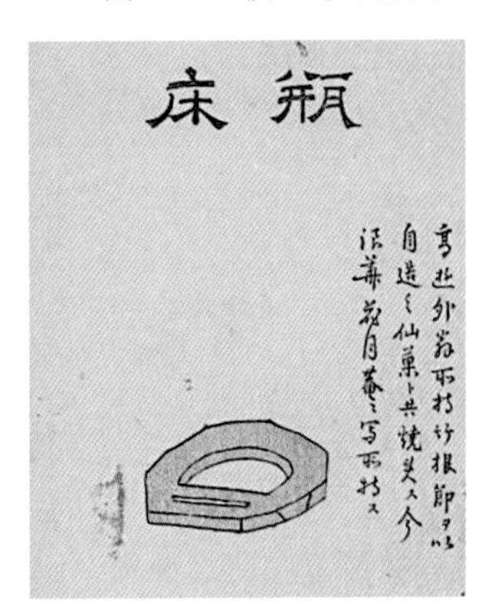

图 3-38 《卖茶翁茶器图》中的瓶床

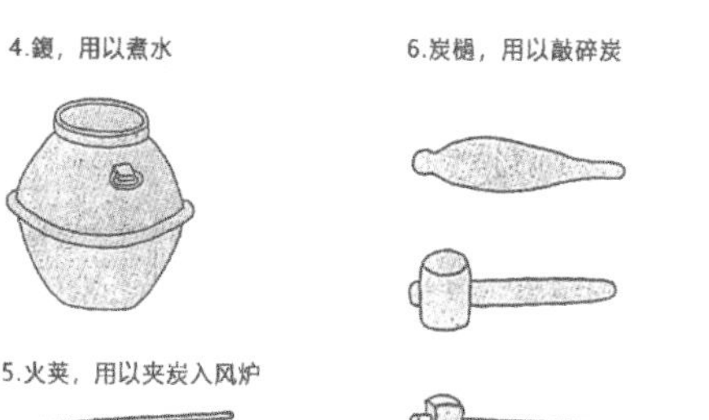

（a）《茶经 · 四之器》茶器图解一

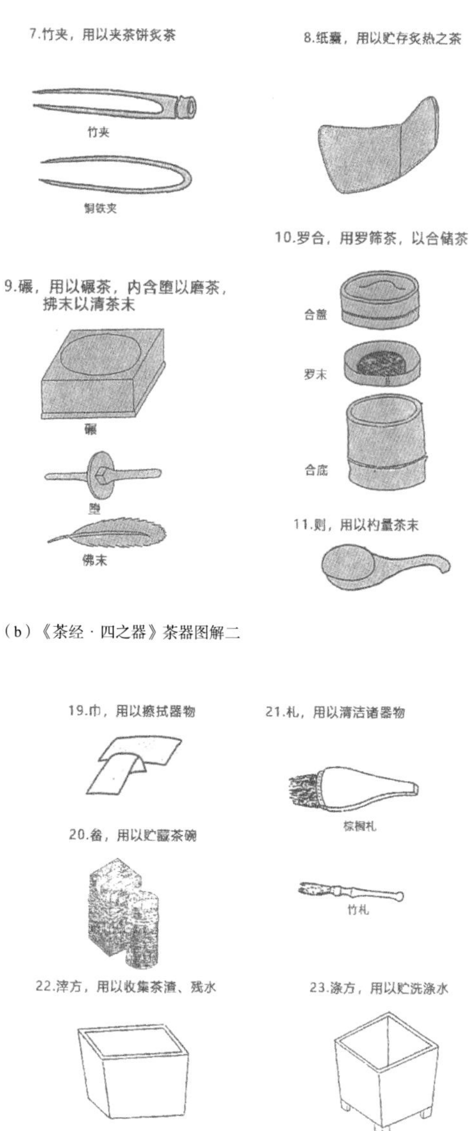

（b）《茶经 · 四之器》茶器图解二

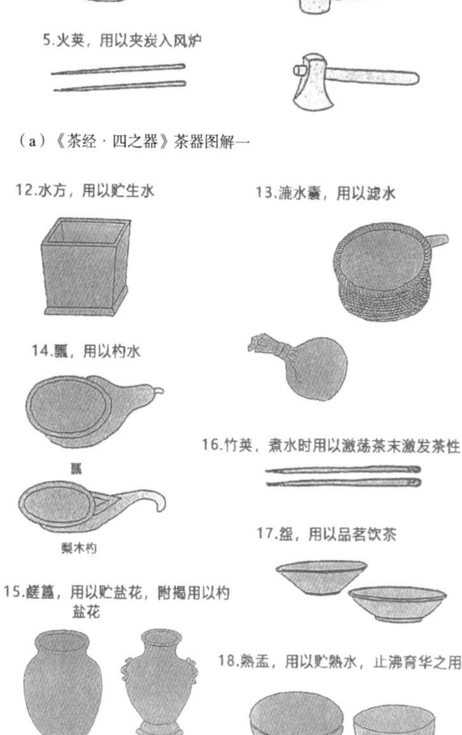

（c）《茶经 · 四之器》茶器图解三

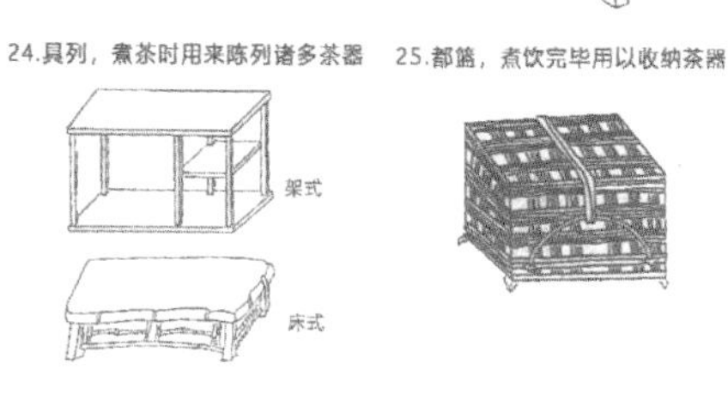

（d）《茶经 · 四之器》茶器图解四

图 3-39 《茶经 · 四之器》茶器图解

表 3-4 《茶经》中 25 件茶器原有功能与现代用法归纳

序号	名称	功能简述	现代叫法或用法	备注
1	风炉（附墉、埭和灰承）	风炉用以生火煮水，墉、埭放于炉内，灰承盛放炭灰	茶炉、酒精炉、电陶炉、电磁炉	图例如图解一
2	筥（炭笼）	用来放炭	炭斗、炭笼、笼筐	图例如图解一
3	交床	用以固定鍑于风炉之上	烧水壶的支架、壶垫、隔热垫	图例如图解一
4	鍑	用以煮水	茶鍑、烧水壶、烧水器	图例如图解一
5	火筴	用以夹炭入风炉	火筷、火箸	图例如图解一
6	炭檛	用以敲碎炭	炭锤、炭斧	图例如图解一
7	竹夹	用以夹茶饼炙茶	茶夹	图例如图解二
8	纸囊	用以贮存炙热之茶	装饼茶的纸袋，现代很少使用	图例如图解二
9	碾	用以碾茶，内含堕以磨茶，又附拂末以清茶末	现基本不用	图例如图解二
10	罗合	用罗筛茶，以合储茶	罗现基本不用；合与盒同，相当于现代的茶叶盒或茶罐	图例如图解二
11	则	用以杓量茶末	茶则、茶匙	图例如图解二
12	水方	用以贮生水	饮水桶、泡茶专用水桶、桶装水、储水桶	图例如图解三
13	漉水囊	用以滤水	现已不用	图例如图解三
14	瓢	用以杓水	柄勺、舀水勺	图例如图解三
15	鹾簋	用以贮盐花，附揭用以杓盐花	宋代之后就不再使用	图例如图解三
16	竹筴	煮水时用以激荡茶末激发茶性	现一般不用	图例如图解三
17	盌	用以品茗饮茶	茶盏、茶瓯、茶杯	图例如图解三
18	熟盂	用以贮熟水，止沸育华之用	现很少使用	图例如图解三
19	巾	用以擦拭器物	茶巾、洁方	图例如图解四
20	畚	用以贮藏茶碗	杯容、杯篓、杯笼	图例如图解四
21	札	用以清洁诸器物	刷帚、刷子	图例如图解四
22	滓方	用以收集茶渣、残水	滓盂、茶水桶	图例如图解四
23	涤方	用以贮洗涤水	建水、水盂	图例如图解四
24	具列	煮茶时用来陈列诸多茶器	茶棚、茶架	图例如图解四
25	都篮	煮饮完毕用以收纳茶器	茶器笼、茶器柜、提篮、茶籯、收纳箱	图例如图解四

敦煌壁画

图 3-40 （五代）敦煌壁画第 98 窟（局部）

唐代，佛教在我国已十分盛行，“寺必有茶，教必有茶，禅必有茶。”特别是在南方的寺庙中，嗜茶更成为一种风尚。赵丁编著的《茶的故事》[30] 中讲到佛教认为茶有三“德”，即“坐禅时通夜不眠，满腹时帮助消化，茶且不发”，这些“德”有助于佛门修行，这也许是佛教倡茶的原因之一。

五代时期敦煌壁画是不能错过的，从中可以更好地追寻关于茶文化与茶家具的踪迹。笔者仔细研读了胡德生先生所著的《从敦煌壁画看中国的传统家具》[16]，并观看了与敦煌相关的展览，将其中几幅壁画对比放大，力图找到这一时期家具以及与饮茶相关的细节。从这些壁画中能够看出当时人们的起居习惯，正在发生深刻变化，席地而坐和垂足而坐并存，高型家具也逐渐流行起来。这个时期也成为唐代以后席地而坐和低型家具逐渐消失的前奏。

图 3-41 （五代）敦煌壁画第 61 窟（局部）

图 3-40 是五代时期的敦煌壁画第 98 窟，画中一个维摩诘正坐在高榻之上，手扶凭几，高榻为壶门箱式底座，上面有围屏和华丽的平顶帐，做工精美。榻前有一个条案，上面放置杯盏等。从画面中的比例尺度看，这个榻基本可以垂足。条案的高度也比之前高出很多。

图 3-42 （五代）敦煌壁画第 2 窟（局部）

图 3-41 是敦煌 61 窟壁画的局部，描绘的是在亭子中饮茶赏歌舞的场景，图左侧一人坐在高足的禅椅之上，有二人席地打坐，高足的靠背椅有搭脑、扶手等构件。右边亭子内是饮茶的人们，坐在长条凳之上，中间为带托泥的大方案。图 3-42 壁画中，也能清晰地看到高靠背扶手椅的踪迹。五代时期，虽然还有席地而坐的方式，但高足家具越来越多地被使用，为宋代全面转为垂足而坐做了很好的铺垫。从这些壁画中也看到了饮茶的进一步普及。

周文矩《重屏会棋图》

图 3-43 是一幅非常经典的画作，从相关文献记载可知，此画描绘的是南唐中主李璟与其三个弟弟相聚的情景[31]。画里所绘的家具与起居用具等都非常精致细腻，虽然四人在下棋，但画面中有茶具、食盒等，说明饮茶在当时是人们休闲娱乐中不可缺少的项目之一。

画面中，四人身后伫立着一件宽大的立屏，非常引人注目。屏风里面又绘有一幅画，故此画名曰“重屏”，其画面轻松休闲，不禁让人想到白居易的诗句“食罢一觉睡，起来两瓯茶”所描绘的有茶相伴、岁月静好的意境。

从这个场景中，还可以窥见当时的家具陈设及生活空间布局，图 3-44 对其中的家具与生活器具进行了注释说明。宽大的立屏放在榻的后面，屏风有宽大的边框，下面是抱角站牙的形式。立屏里面又绘制一个三折屏风，内嵌山水画屏，三折屏风之间的转轴都刻画出来了。画中出现了好几个榻，可以看到榻面基本都是四面攒边镶板的结构，腿部形式不同，有一张腿部用插肩榫与框架主体结合，有一个是四方腿与榻面结合。画中还真实地描绘出室内的生活娱乐用具，如投壶、围棋、榻几、茶具等，这些也都成为研究五代时期家具和各种器具形制的重要参考资料。

这里除了屏风、案、榻比较常见的家具之外，还出现了一个设计精美的食盒。在唐代，下棋、饮茶之余，点心是不可缺少的，食盒也是很重要的生活用具之一。《魏氏春秋》中记载：“太祖馈彧食，发之乃空器也，于是饮药而卒。”这是关于食盒最早的记载。食盒最初是盛放食物的用具，造型多为层式结构，为了便于搬运移动，一般都设有提梁式把手。在茶事中，食盒主要用来放茶点、茶叶或茶具等，也被叫作茶盒。在现代的茶空间中，食盒依然存在，古画中的茶器、家具，以及与之相关的很多用具一直沿用至今。

图 3-43　（五代）周文矩《重屏会棋图》

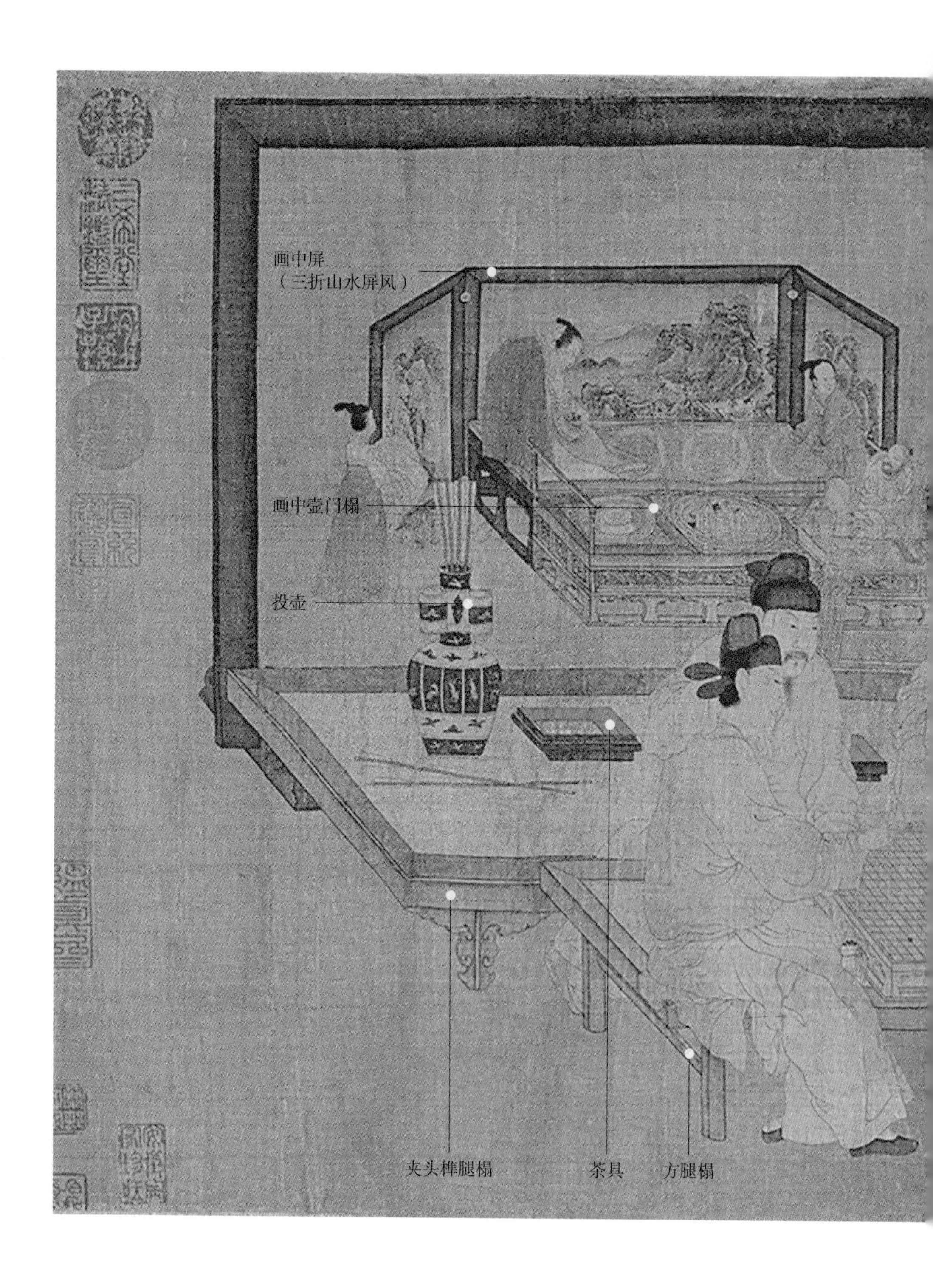
画中屏
（三折山水屏风）
画中壶门榻
投壶
夹头榫腿榻
茶具
方腿榻

图 3-44　《重屏会棋图》家具与生活器具说明

佚名《乞巧图》

七夕节又叫“乞巧节”，东晋葛洪的《西京杂记》中有“汉彩女常以七月七日穿七孔针于汉代画像石上的牛宿、女宿图、开襟楼，人俱习之”的记载，文中提到七月七日、牛宿、女宿等，在后来的唐诗或古籍中，乞巧也被屡屡提及，比如唐朝王建的诗：“阑珊星斗缀珠光，七夕宫娥乞巧忙。”在《开元天宝遗事》一书中记载：“唐太宗与妃子每逢七夕在清宫夜宴，宫女们各自乞巧。”可见，乞巧的习俗在民间已经流传开来[32]。

提到七夕，人们自然联想到牛郎织女的故事。笔者翻阅了相关资料，发现在《诗经·小雅·大东》中有“跂彼织女，终日七襄……睆彼牵牛，不以服箱”

图 3-45
（五代）《乞巧图》，藏于美国大都会博物馆

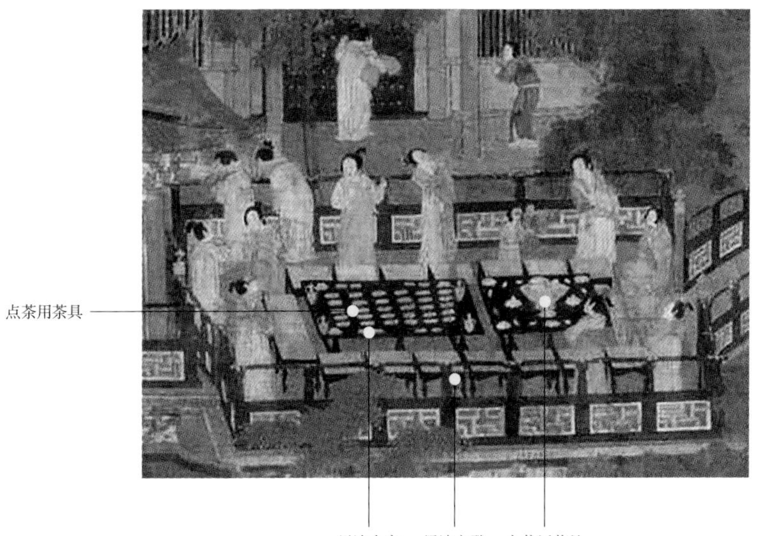

图 3-46 《乞巧图》茶家具说明

的诗句，这里提到的织女和牵牛应该是关于牛郎织女最早的文字记录，最初原本是对自然的崇拜，被后人描写成一段唯美的爱情故事，造就了牛郎织女的传说，并使七夕成为象征爱情的节日[33]。据说，七夕节要吃巧食，七夕晚上人们把“乞巧果子”和酥糖端到庭院中，全家人围坐在一起，寄托了人们对于合家安康、生活美满的美好愿望。

从图 3-45 和图 3-46 中展现的场景可以看出，做工精美的黑漆大案和围在四周的黑漆方凳，构成了活动的中心。案上摆着点茶所用的工具，如茶瓶、茶盏、茶勺、竹策、茶筅（xiǎn）等，其中细颈汤瓶是重要的点茶茶具之一，识别度比较高，说明五代已经开始使用点茶方式饮茶了。摆放茶具的黑漆大案造型方正大气，为箱式壸门形式。黑漆方凳则为曲线型腿，座面有软包垫子。当时的茶事活动，是大家围坐在一起进行，且在户外，通过两张大案并排摆放，与 12 ～ 16 个方凳一起围出一个户外的饮茶空间，茶的社交属性也显而易见。

在七夕这样重大的节日中，饮茶也成为很重要的一种社交活动。茶家具没有繁冗的雕花，朴素淡雅。此时高型家具已经开始普及，而且出现了点茶的饮茶方式。

兴盛时期——宋辽

宋辽时期谱写了茶文化史上最为辉煌和极致的篇章，让我们在点茶、茶百戏、斗茶中，感受宋人在茶生活中注入的那份用心与专注。

表 3-5 兴盛时期（宋辽）茶生活和茶家具

饮茶方式	a. 点茶法盛行，并北传辽、金
	b. 点茶法：将茶碾成细末，置茶盏中，以沸水点冲。先注少量沸水调膏，继之量茶注汤，边注边用茶筅击拂
	c. 注重仪式感，茶美学达到极致与鼎盛
	d. 斗茶兴起，不论贵族、中产还是市井百姓都喜爱饮茶和斗茶
	e. 有专门的饮茶器具和家具
使用者	宫廷、文人、贵族、僧人、道士、市井百姓
特点	a. 点茶工序复杂，配有专属的器具与家具，茶家具种类繁多
	b. 完全垂足而坐，高型家具完全取代低矮家具
	c. 斗茶所需的便携式茶箱、茶盒等小型茶家具也丰富多样
	d. 家具崇尚简约、实用，造型清雅、秀直
	e. 注重实用性，造型简约朴素，无过多雕饰，追求细节的极致
种类	a. 桌类：长桌、方桌、大案、矮几、长几、鹤膝桌、琴桌
	b. 坐具类：扶手椅、禅椅、带搭脑的靠背椅、长凳、竹墩、脚凳、圈椅、荷叶托交椅、圆墩、方墩
	c. 柜类：茶棚柜、收纳柜、斗茶柜、盝顶茶柜
	d. 床类：榻、凭几
	e. 箱架类：台架、束腰花几、香几、茶盒、茶床、行具
材质与工艺	a. 木材为主，竹藤工艺发展成熟
	b. 木工结构种类多样化
	c. 梁柱式框架结构代替了壸门箱体结构，托泥、束腰形式常见
生活方式	a. 垂足而坐的方式完全普及
	b. 饮茶发展迅速，饮茶文化成为全民的文化，各种活动都有茶饮
	c. 茶事活动丰富多彩，点茶、分茶、斗茶等都有相应的家具
	d. 饮茶成为上到宫廷贵族、下到市井百姓都喜欢的生活方式
使用环境	室内、室外都有

辽墓壁画

图 3-47　河北宣化辽墓壁画《童戏图》（局部）

在十几座宣化辽墓壁画中，有八座辽墓中的壁画清晰地展现了碾茶、煮茶、奉茶、喝茶的场景，涉及的备茶器具有莲花风炉、煮水汤瓶、茶盏茶托、茶碾、茶罗、茶盒、点茶汤瓶、鹾簋，以及火箸、香炉等。辽代墓壁画中描绘了茶童、茶师、侍女以及碾茶、煮茶、调茶等，构成了一幅非常完备详尽的点茶画面，印证了茶道的发展，尤其是晚唐、五代、宋时期南北各地渐盛的点茶方式的流行。画中所绘制的饮茶家具也十分详尽，对于茶家具的发展研究是极有价值的参考资料。这些壁画本没有名字，考古学家根据画面的内容进行了命名。笔者选取了其中的四幅壁画进行解读。

图 3-47 为《童戏图》。唐代之前的茶画中都是茶鍑或茶锅，而这里看到了茶壶。唐代用铁质的茶鍑煮茶，部分茶叶中的茶多酚会被破坏；而点茶是靠沸水调和，茶香不会减少，茶多酚流失相对减少，饮茶也更加健康。不同的饮茶方式给人们的生活带来的感受也不同。

图 3-48 的图示中最醒目的是一个盝顶六层抽屉的收纳柜，盝顶是中国古代传统建筑的一种屋顶样式（图 3-49），主要特征是顶部为平顶，四周加上一圈外檐。柜子的尺度与躲在后面嬉戏的孩童做参照，可见其高度很高，与之前放茶器用的收纳盒尺度完全不同，所以这里叫柜。柜子应该是放茶叶、茶具等相关物品的。柜子后面是一张红漆方桌，桌上摆放着茶托、茶杯、茶叶罐等用具，后面白色方桌摆放文房四宝。地上放置船形茶碾、朱漆盘、煮茶炉，朱

漆盘中有锯、毛刷和茶砖，茶炉上有一茶壶，炉前还有一把团扇。

这张辽墓壁画展现了非常完整的辽代茶道场景，可以看到墓主人对茶道的那份热爱与情有独钟，以及墓主人对茶道的造诣颇深。

图 3-50 这幅壁画被叫作《备茶图》，详细展现了当时点茶法的备茶方式与使用器具。宋朝陶谷的《荈茗录》、蔡襄的《茶录》以及宋徽宗的《大观茶论》等典籍记载的点茶法的主要程序有备器、洗茶、炙茶、碾茶、磨茶、罗茶、择水、取火、候汤、茶盏、点茶（调膏、击拂）[34]。在这幅辽代墓壁画中，可清晰看出辽已经开始采用点茶法饮茶。

画中左侧两个契丹女子双手拿着茶盏，其中一位女子转身正要去奉茶，另

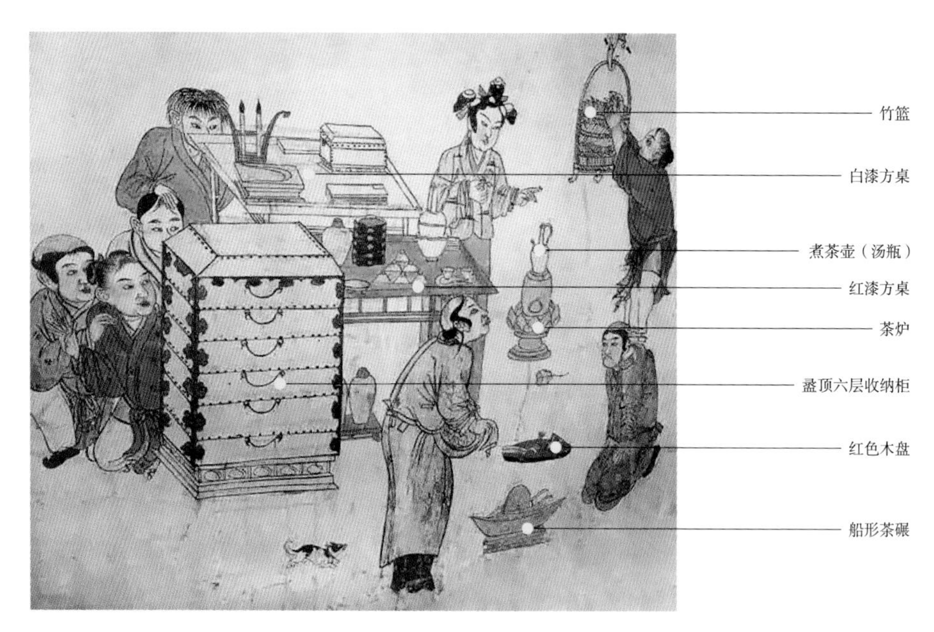

图 3-48 《童戏图》点茶器具与家具图示说明

图 3-49
盝顶造型来自古建屋顶

图 3-50　河北宣化辽墓壁画局部《备茶图》

一女子似乎在候茶。画中左边的男仆席地而坐，双手推着茶碾，专注地碾着茶饼，旁边还摆放着一个圆盘，盘内有一块圆形茶饼；而右边的男仆双膝跪地，口中含着一根细管，正鼓起双腮用力向炉口吹气。茶炉底座的造型为莲花造型，炉上还放一个细颈的茶壶。画中右上方的男仆，正在等待炉上茶壶里的水煮开后取走。每个人都有各自要完成的侍茶任务，动作与神情各异。此壁画中的方桌、茶柜、所使用的各种器具以及呈现出的饮茶画面，都和唐代有明显的不同。

图 3-51 是对此壁画中点茶器具及茶家具的说明。因为点茶法所需器具比较多，流程也比煎茶法复杂，所以使用的茶家具也比较多。这一时期，已经形成了专属的茶家具，饮茶的仪式感也更加明显，需要几个人共同参与完成。图中的方桌、盝顶柜从形制和结构看，应该是木材材质的，此外竹制的竹篮、石头的茶碾和茶炉等，也体现了木材之外，其他材质在茶器和茶家具中的使用。

从图 3-52 和图 3-53 中可看到，当时所用的家具都是倾向朴素实用，不再有唐代那种雍容华贵之感，所用的点茶器具和家具都十分简洁大气、纤秀清雅，人们更注重喝茶的仪式感。

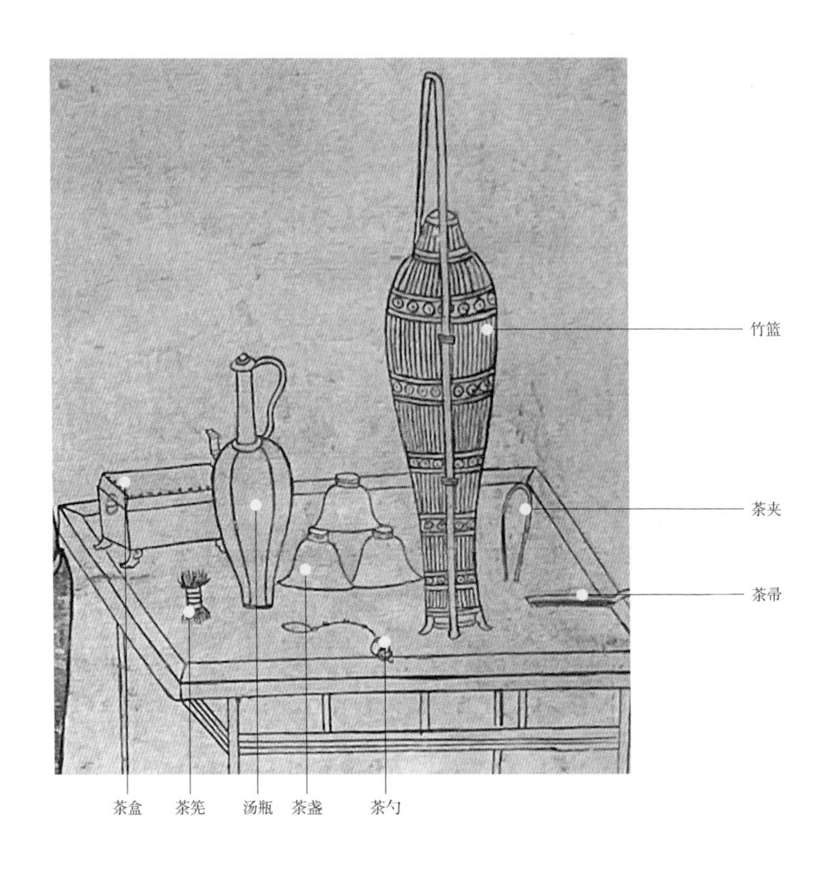

图 3-51 《备茶图》点茶器具与茶家具说明

图 3-52 《点茶图》茶器与茶家具说明

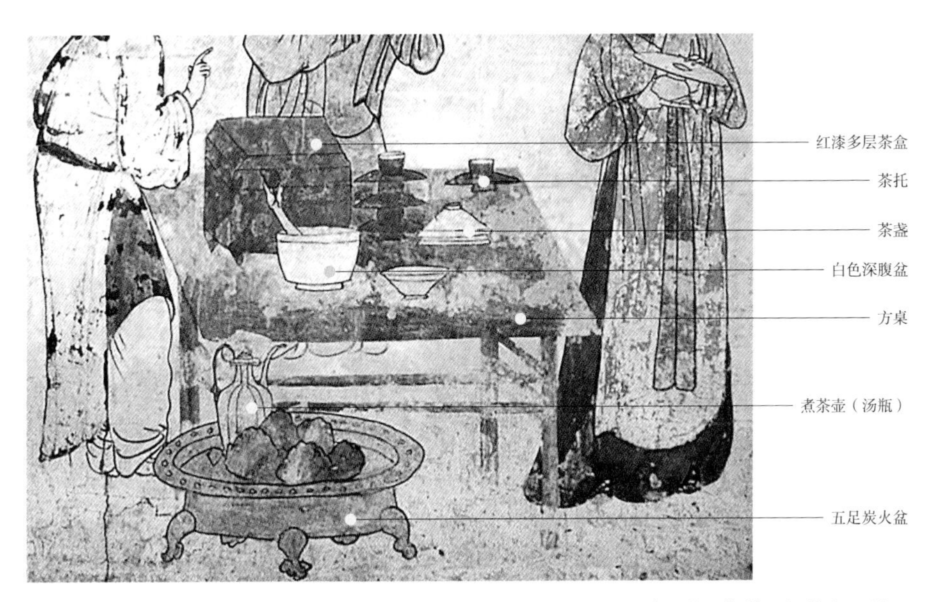

图 3-53 《进茶图》茶器与茶家具说明

刘松年《撵茶图》

图 3-54 是宋朝著名的茶画，由宫廷画家刘松年所绘的《撵茶图》。画中有香、墨、字画，还有仆人送上的茶。此画细致地描绘了文人雅士一起参与的撵茶、点茶、挥毫、赏画的茶会场景。“撵”茶的“撵”，在古代有研磨之意，顾名思义，撵茶就是把已经焙干的茶砖敲碎，然后放进石磨里研磨，磨成粉状的茶叶末。

这幅画中呈现的两个明显区域：备茶区和品茶区。备茶区大方桌用来摆放点茶所需的各种茶器和杯盏，撵茶、煮水等环节也都有相应的家具或承具作为依托。品茶区已经和文人雅士的书画相结合，有人把宋代家具叫“文人家具”，其实，点茶在文人的各种雅事活动中都是必不可少的，茶家具也可以叫作文人的茶家具。因为文人的参与，文人那种清雅、情趣和对生活的理解，也影响着宋代美学的形成，宋代茶家具中也透露着浓浓的文人情怀。

图 3-55 的备茶区有一张很大的方桌，方桌上陈列有筛茶的茶罗、贮茶的茶盒、白色茶盏、红色杯托、茶匙、茶筅等，一个仆人骑坐在长条矮凳上，矮凳的榫卯结构清晰可见[35]。桌旁另一仆人正拿着汤瓶要进行点茶。宋人点茶的讲究体现在细节，比如茶炉不是直接放在地上，而是置于一个雕花小案之上，也叫瓶座。图中还出现了贮水瓮，盖子设计成荷叶的造型。

图 3-55 的品茶区内是文人雅士，他们的坐具是圆形矮墩，长桌是如意腿足带托泥的形制。这种形式使家具显得更加简洁轻巧。

图 3-55 展现了点茶所用的各种器具。卢琼主编的《清香茶道》[36]中提道：点茶首先需要将茶饼烘干，用茶碾把茶饼碾碎、磨成末，

图 3-54　（宋）刘松年《撵茶图》

点茶区
荷叶
盖储水
茶
细嘴汤
茶
水盆（配有长柄勺
贮茶
茶
提梁水
雕花底
方
方
茶
壶门带托泥雕花小
茶石
矮凳（牙板、横枨、贯通
茶帚和茶

图 3-55 《撵茶图》茶家具说明

图 3-56　点茶冲泡步骤说明

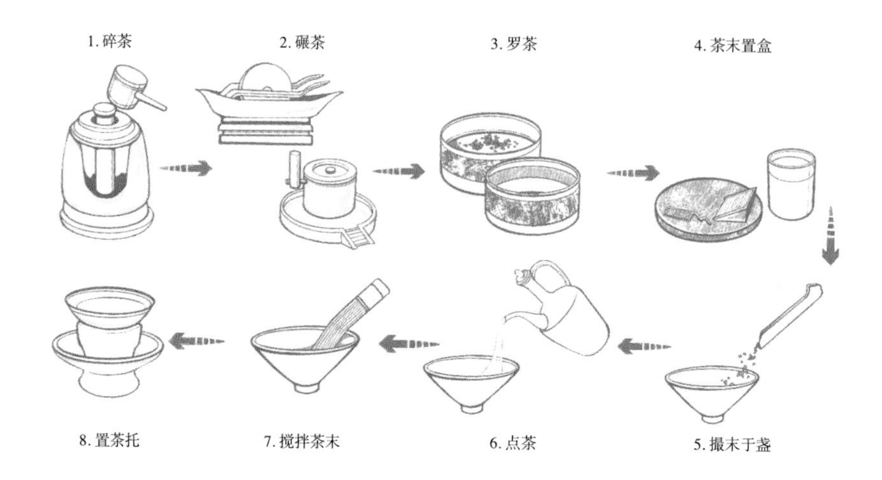

然后将茶末放在茶碗里，注入少量沸水调成糊状（即调膏），然后再注入沸水，同时用茶筅搅动，茶末上浮，形成粥面，接着就是一手点茶，通常是用执壶往茶盏里点水。所以点茶过程中，这些器皿或用具，都是不能缺少的。

为了使茶末和水充分融合，还需要使用一种特制的工具，就是“茶筅”。茶筅一般由细竹制成，就像现在刷锅用的竹刷子一样，它的作用是让茶末和水充分搅拌融合[37]。点茶注水的过程中，需要一只手注水，另一只手用茶筅不停旋转，充分搅拌茶汤，直到泛起汤花（泡沫），这个过程也称为“运筅”。

了解点茶，是为了更好地理解当时人们的茶生活和茶家具，茶家具作为点茶各种器具的重要承载物，更好地提升了点茶所体现的仪式感，使饮茶的各个环节有序而不杂乱，让人们在品饮中更深刻地感受茶的美好。

图 3-57 点茶器具图

南宋审安老人在《茶具图赞》中用白描手法绘制了“十二先生”，也就是点茶所使用的12种工具，并给它们配上“官职”名号，分别是：韦鸿胪（茶焙笼）、木待制（茶槌）、金法曹（茶碾）、石转运（茶磨）、胡员外（瓢杓）、罗枢密（罗合）、宗从事（茶刷）、漆雕秘阁（盏托）、陶宝文（茶盏）、汤提点（水注）、竺副帅（茶筅）、司职方（茶巾），它们的作用分别是：烘茶、碾茶、磨茶、盛水、筛茶粉、扫茶末、托茶盏、盛茶汤、注水点茶、点茶击拂、清洁茶具。图 3-56 和图 3-57 为宋朝点茶冲泡步骤说明和点茶器具图。

王诜《绣栊晓镜图》

图 3-58 （宋）王诜《绣栊晓镜图》

图 3-58 是宋代画家王诜创作的《绣栊晓镜图》。郝文杰的《“镜中像”与“画中像”——传统仕女画两种视幻空间拓展的文化阐释》[38]一文提道：“在诸多宋代茶画中，女子闺房里茶饮的场景还很少。”

画中一个妇人对着镜子沉思，一个侍女手捧茶盘，另一妇人正伸手去盘中取食盒。画面中的家具做工精致，处处透着清雅俊秀之气。长桌四腿和桌面平齐，挺直的线条干净利落，足端为如意造型，直线之中的一点曲线，成为恰到好处的点睛之笔，宋代家具的美就是在细微处的曲直起落中展现得淋漓尽致。旁边的榻上还放着一个精美的山水画枕屏。在《物绘同源：古代的屏与画》一书中把这种床榻上放置的小型屏风叫作“枕屏”，据说有“育神定魄”的功用。

宋徽宗《听琴图》

《听琴图》在研究宋代家具文化方面具有重要的史料价值。图3-59画面中间出现琴桌和香几两件主要家具，其形制体现了典型的宋代美学特点，一桌一几，沉静含蓄，素雅淡泊。香几和花瓶也成为很多茶事活动的主要器物之一。宋代美学中追求的纯粹性，在这里也体现得比较明显，这种纯粹就是圆、方、素色、质感的单纯，不需要其他的掺杂与辅助。

与明式家具相比，宋代家具造型更加简素清雅，色彩温润沉静，整体造型纤细却挺拔，多使用实木材质制作。《营造法式》记载宋代常用的木材有榆木、槐木、白松、黄松、黄心木、

图3-59 （宋）宋徽宗《听琴图》

图 3-60 瘦金体书法

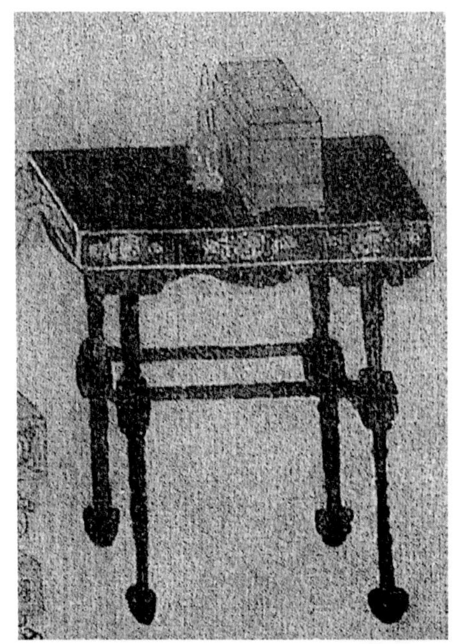

图 3-61 鹤膝桌腿

水曲柳等，但是图中这件香几，据古典家具专家周默先生（著有《木鉴》《紫檀》《雍正家具十三年》等）记述，所用为乌木，来自于东南亚，色黑无纹，给人“淡尽风烟”的纯净感。这种名贵硬木也只有在宫廷中才使用。

此外，书法也对宋代家具的文人气质产生了不小的影响。瘦金体书法（图 3-60）的特点是笔道细瘦峭硬，挺劲犀利，颇具筋力，起笔、收笔、转折和提顿处的痕迹都刻意保留下来，“横画收笔带钩，竖画收笔带点，竖钩细长而内敛”。宋徽宗的瘦金体所蕴含的风骨在这件香几中也体现得淋漓尽致。

画中香几的腿不仅瘦长，而且中间有突出的节，这种形式不仅与瘦金体书法顿挫的笔锋相似，而且也和一种竹节相似，在《唐宋家具寻微》[39]中提道：“鹤膝竹，节密而内实，间如突起如鹤膝，便用此来形容中间突起如竹节的桌子腿。”这种腿的形式在宋代比较流行，在其他画作中也经常出现（图 3-61），可见当时的文人雅士贵族都喜欢这样的家具造型。

此外，画面中还可以看到一个竹制的圆墩，带托泥，这种形制相较于《唐宫乐宴图》中的月牙凳已经有了很大的变化，而托泥的形式在宋代家具中出现较多。画面最前面还有山石花几和瓶花装饰，再现了当时常用的一些家具和陈设。

佚名《宋人物图》

图 3-62　（宋）佚名《宋人物图》，台北故宫博物院藏

这幅画（图 3-62）内容比较丰富，涉及家具品类也比较多，如鹤膝桌、抬桌、石花几、盝顶茶盒、长桌、屏风、床榻、脚凳等，图 3-63 对此画中各类家具进行了说明。

画面中间宽大的床榻是壸门箱式结构，配有专门的脚踏。床榻后面立有一个大的山水画屏风。床榻上还有一个红漆凭几。画面左侧两个抬桌和一个长桌，抬桌在邵晓峰的《中国宋代家具》中有提到，这种设计明显是经过功能化考虑的改良设计，多出来的四个出头，可以供人轻松地抬起。从局部放大图（图 3-64）中可看到家具各部件几乎没有多余的装饰和雕花。画面中，主人坐在榻中间，一个仆人正在点茶。

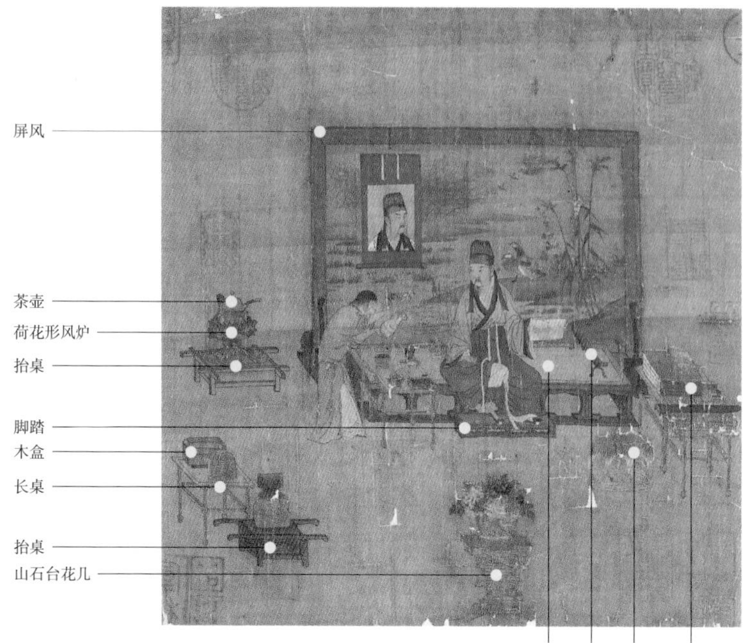

图 3-63 《宋人物图》家具及器具说明

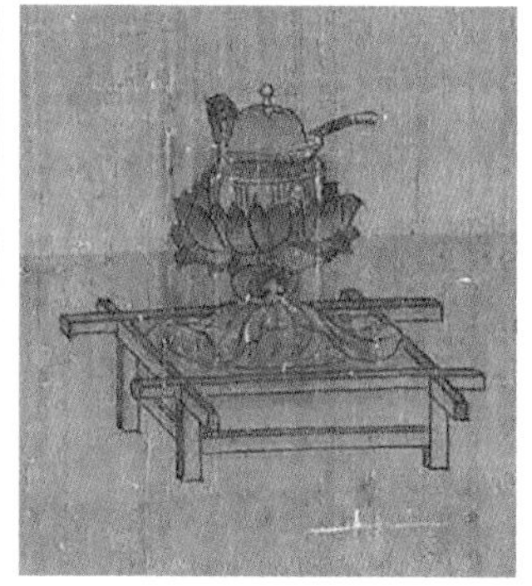

图 3-64
《宋人物图》家具局部放大图

宋徽宗《文会图》

南朝刘勰的《文心雕龙·时序》里记载:“逮明帝秉哲，雅好文会。”唐代杨炯的《晦日药园诗序》中写道:“请诸文会之游，共纪当年之事。”这两处都提到了“文会”[40]。“会”是指聚集的意思，文会是指文人雅士饮酒赋诗，或书画或切磋学问的聚会。

图 3-65 中可见垂柳依依，绿树婆娑。画面中的茶事活动所使用的茶家具主要有品茶区的黑漆大方桌和圆墩，备茶区的矮几、茶桌、茶箱、茶柜等。

在两棵树下放置了一张宽大方正的黑漆方桌，是可以十余人围坐的品茶区。桌上陈设着丰盛的果品、点心和盘碟、茶壶、杯盏等。围着桌边摆放着竹制圆墩，鼓形，座面软包，轻巧又舒服。方桌前是备茶区，有矮几、茶桌、盝顶茶箱，以及点茶所用的各种器具。矮几是带托泥框架形式。方桌四个攒边中间嵌竹编席面，桌腿纤细挺拔。方桌上摆放着白色茶盏、黑色盏托等物，茶桌和矮几旁放有茶炉、水盂、水缸、炭篓等物。茶炉上两个汤瓶正在煮水。方桌边有一个双开门的盝顶茶箱，里面放置茶叶、茶器等物品。

图 3-66 是点茶器具和茶家具的注释图。从图中可以看到点茶所需的各类茶家具和茶器，也看到了宋人点茶的精致和仪式感，更看到了文人参与下对茶美学和茶家具倾注的那份情怀与用心。

图 3-65
(宋)宋徽宗《文会图》，
现藏台北故宫博物院

图 3-66 《文会图》茶家具与茶器说明

带托泥框架
式食案
汤瓶
茶点
茶盏
竹制鼓形
软包圆墩
细嘴汤瓶
茶盏与茶托
储水大盆
矮几
炭篓
梅瓶
盥洗大盆

马远《西园雅集图》

中国古代有两场比较著名的文人聚会，一场是东晋会稽国（今绍兴）的“兰亭集”，大书法家王羲之现场写了一幅《兰亭集序》而闻名于世；另一场聚会就是北宋汴京（今开封）的“西园雅集”。

首先了解一下西园，它是驸马王诜（shēn）的府邸，因在开封城西而得名。《西园雅集图》的画作版本很多，这里选用的是马远和刘松年所绘版本，不仅因为图中有清晰的家具图，还有童仆煎茶的细节。这对于研究茶家具和茶文化有很高的参考价值。

然后再了解一下雅集，所谓“雅集”是指文人雅士吟咏诗文、探讨学问、以文会友的集会，最早记载雅集的是《世说新语》，里面有西晋名士洛水戏、王导府上清谈会等。虽然历经不同朝代，但雅集一直是历代文人的重要活动之一。直到现代社会，雅集也一直延续，尤其在各种茶事活动中使用。

图 3-67 是马远的《西园雅集图》，画面中品茶区的家具虽然宽大，但却非常清秀，采用了如意云纹的腿足带托泥的形式，桌面攒边嵌竹席，再无其他

图 3-67 （宋）马远《西园雅集图》（局部）

多余的雕刻和装饰。雅士们坐的是方凳，形制与长桌相同，搭配十分协调。

从图 3-68 中能够看到童仆藏身于枯木怪石之中，正在烧水煎茶，煎茶区和品茶区是分开的。品茶区正在挥毫的人是米芾，从煎茶区走开的是苏轼，围观的人中还有黄庭坚、秦少游、苏辙、王诜等人，这些人多半都是茶道高手。此处为何展现的是煎茶场景？这是因为在宋代点茶虽盛行，但是一些文人雅士尤其是爱茶之人，对唐朝的煎茶方式情有独钟，偶尔也会运用这种复古的饮茶法。

苏东坡有一首诗描写的是一款贡茶：“环非环，玦非玦，中有迷离玉兔儿，一似佳人裙上月。月圆还缺缺还圆，此月一缺圆何年。”诗中提到的贡茶，在《宣和北苑贡茶录》中有记载，宋朝贡茶只印花纹，不印字（图 3-69）。在《宋朝贡茶》一文中也提到了贡茶的花纹图案，常用的有龙、凤、云朵、如意、波涛等纹样，形状设计也是多种多样，有方形、圆形、菱形、长条形、墓碑形、莲花形、梅花形等。茶砖造型设计的多样化是宋朝茶文化的一个特色。

图 3-68
《西园雅集图》煎茶区

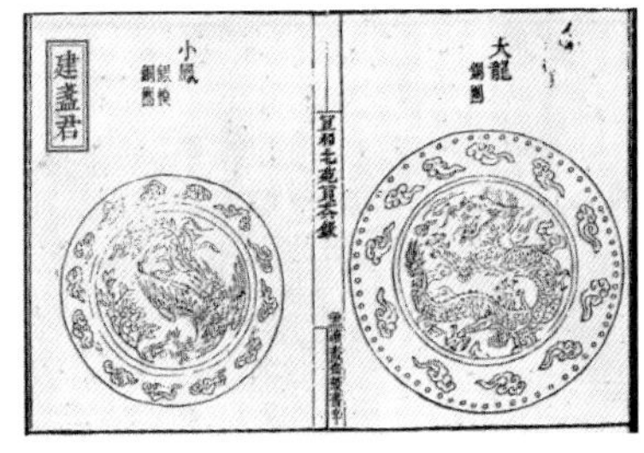

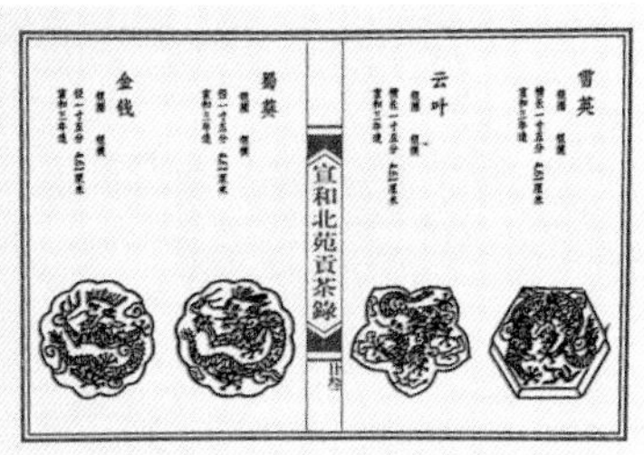

图 3-69　宋徽宗时期《宣和北苑贡茶录》中记载的茶砖造型

（a）藤编禅椅和小方几

（b）备茶区

刘松年《西园雅集图》

关于西园雅集的题材，与马远同时代的刘松年也有一幅经典画作，在刘松年的《西园雅集图》中展现的家具也十分精美细致。

从图 3-70 和图 3-71 可看出，在僧人打坐区，有纤细清秀的小方几、厚重拙朴的藤编禅椅；备饮区石桌上的盝顶茶箱；书画区带托泥如意腿足的大方案，扶手椅和圆墩；行走中仆人拿的茶床、茶箱和棋盘等，这些雅集上所呈现的器物和家具，对于了解宋代饮茶文化都是非常有价值的参考。尤其此画中仆人手举的小茶床和二人扛起的茶箱，也成为研究户外便携茶家具的重要参考和依据。

图 3-70 《西园雅集图》局部放大图及茶家具说明

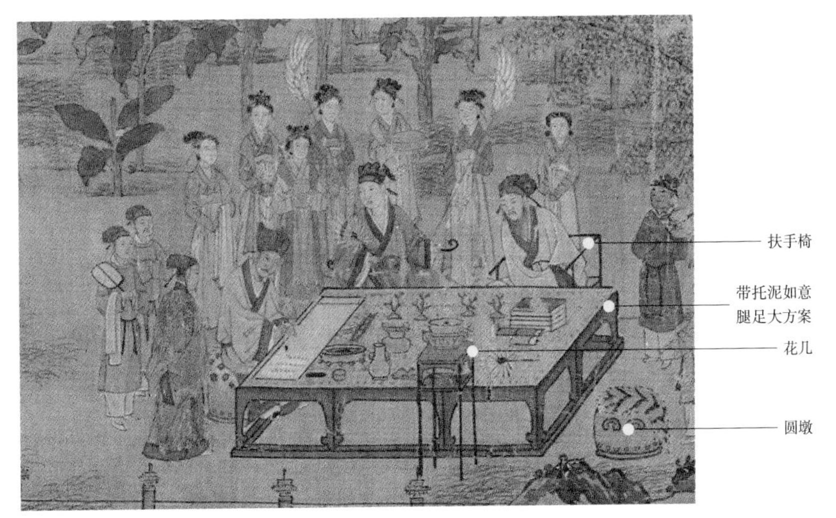

（c）书画及饮茶区

（d）仆人搬运物品

图 3-71 《西园雅集图》（局部）

顾闳中《韩熙载夜宴图》

《韩熙载夜宴图》（图 3-72）中的家具不仅种类丰富，而且蕴含了很多家具功能与使用方式的知识，对于了解当时贵族阶层的饮茶方式、所用家具、空间布局等都有非常重要的借鉴作用，其传达出的设计美学对现代设计师来说，也是极富参考价值的。当今流行的现代极简的美学观，也是宋代美学的延续。老子曾言："万物之始，大道至简。"在宋代美学观中，极简不仅是一种哲学态度，更是一种语言符号以及一种相对纯粹的美学感受。

这一时期高足家具已经完全普及。画面中涉及的家具有床、榻、桌、案、屏风、靠背椅、鼓架、凳等。此画展现的主要是饮酒品茗的局部场景（图 3-73）。很多文献对宋代家具有详细分析，这里对此画与茶家具相关的几个方面进行了归纳与概括：

图 3-72　顾闳中《韩熙载夜宴图》

床：图中有两种床，黑漆三面围屏的床也叫罗汉床，是茶事活动的中心，也是待客所用。后面带帷幔的床也叫架子床，主要作睡卧之用。中国古代的床主要有两种功能：一类是待客的功能，如榻和罗汉床，是待客时使用的；另一类是睡卧的功能，如架子床和拔步床，提供睡觉空间。图中围屏式的罗汉床是早期低矮家具向高足家具过渡时期的家具形式。家具整体造型简约，没有过多雕饰。

椅子：图中椅子的共同点是靠背横梁都长出两边的立柱，并向上翘，这就是早期的“搭脑”，上面都搭挂着椅披。图中还有带脚踏的靠背椅，也叫“禅椅”，它的脚踏与椅子是一体化的。

凳：画中出现的凳具叫“鼓凳”，鼓凳在唐代绘画中就有出现，也叫绣墩，

图 3-73　《韩熙载夜宴图》局部场景

因为轻便小巧，易于搬运，是一种便携性的家具。鼓凳的弧形元素给空间中众多方形家具增添了变化，曲直相互搭配，视觉上也更加丰富、有层次[41]。除了鼓凳，还有很多其他形式的凳，如方凳、圆凳、脚凳、坐墩、交杌、长凳等。

桌案类家具：图中的桌案类家具，其腿足都比较瘦细，线条精练，结构简洁，别致文雅。桌子两侧的桌腿之间以双细枨连接，而前后腿之间为单细枨，有的没有单细枨，则桌面与腿之间有牙板，不仅起到加固作用，也是一种装饰。这种朴素无华、简洁素朗的形态，透出浓浓的宋代文人气息。

其他杂项：图中屏风作为人和其他家具的一种衬景，与其他家具相互搭配非常和谐，相互衬托，浑然一体。卧床边放着蜡烛的为“灯檠（qíng）”，其造型尖细，下部有托盘，轻巧简朴，和桌案的细足相呼应。罗汉床边放置的鼓架也很有特点，三足支架，红漆饰面，造型依旧是纤细轻盈的。

家具结构：《中国古代家具设计简史》《家具造型与结构设计》《中国隋唐五代阶段家具的主要特征》《中国宋代家具研究与图像集成》等很多著作和文章都有对这一时期家具结构的解读。这一时期，“许多家具在结构上借鉴了中国建筑大木构架的做法，形成框架式结构；构件线条流畅明快；腿与面之间加有牙子和牙头，也成为中国传统家具的经典结构形式。”[42]

宋代美学：极简或者大道至简，造型要纯粹简单，越单纯越好，追求自然朴素的美，不大肆雕琢，在克制与含蓄中体现美。宋徽宗的瘦金体书法，笔法劲瘦，运笔灵动，飘逸挺拔。这种书法的气质更渗透在宋代家具中，造型纤细轻巧，处处透着俊秀与清雅。

可以说，宋代的茶家具也和其他品类的家具一样，带着浓浓的文人气息。茶家具的品类众多，是茶家具的鼎盛时期，这与点茶的饮茶方式、宋代饮茶活动的兴盛、宋代文人的参与等因素都有密切的关系。

刘松年《唐五学士图》

图 3-74 （宋）刘松年《唐五学士图》家具说明

在宋代茶画中除了小型的茶箱和辽墓壁画中的多层收纳柜，柜子出现的并不多。刘松年所绘的《唐五学士图》（图 3-74）中的书柜（图 3-75），造型方正，上边为盝顶形式，正面中间对开两门，可看到柜内摆放的书籍与画轴。从画面人物及其他器物的比例关系看，柜子的高度不是很高，但长宽比已经远远大于普通的箱子。书柜摆放在桌案之上使用。书柜每一个横竖部件交接处都有明显的连接件，与实木框架结构不同，所以有学者认为此图中的柜子是竹制的。在南宋《蚕织图》局部画面（图 3-76）中，也有柜的踪迹，其顶端也采用了盝

图 3-75
《唐五学士图》中的书柜

图 3-76
（南宋）《蚕织图》
盝顶双开门柜子

顶的形式，柜子被摆放在长桌之上，双开门，底部与腿之间有角牙。从仅有的几幅有柜子的古画中，清晰可见宋时柜子的形制特征。

图 3-74 中还有其他几件家具，朱漆的花几和中间的书案都有“束腰”元素出现，这一元素的使用也让家具更增加了俊秀之美。圆凳有竹编和木制两种，其样式精美，造型素雅。从这里也可以看出，书房是当时饮茶的一个重要空间，书房家具同时可以作为饮茶家具。

刘松年《茗园赌市图》

图 3-77 （宋）刘松年的《茗园赌市图》

在宋代，斗茶又叫作“茗战”，最核心的三个要素是茶质、水质和技艺，斗茶是一种品评茶叶品质和点茶技艺的习俗，也是一种茶人对茶艺追求的情怀和境界，成为上至宫廷、下至民间都流行的一种风尚。至今在武夷山依然有斗茶的习俗，可见其影响之深远。不仅如此，斗茶风俗在南宋开庆年间，漂洋过海传入了日本。日本茶道协会负责人森木司朗在其编著的《茶史漫话》一书中说：“是中国宋代的斗茶哺育了日本的茶道文化。”[43]

王玲著的《中国茶文化》[15]一书中提道：“刘松年的《茗园赌市图》（图 3-77）是一幅描绘市井斗茶的图景。画中可见有注水点茶的，有提壶的，有举茶杯品茶的，把当时民间斗茶的情景表现得淋漓尽致。”《茗园赌市图》的“赌”字即指赌茶，而这种赌，赌的是茶的品质，是造茶人对自己劳动成果的自信，是茶人之间的一种相互观摩、相互学习的活动，是一种分享与交流，而不是避

图 3-78 《斗茶图》一

图 3-79 《斗茶图》二

图 3-80 《斗茶图》三

世消闲。这种对斗茶的解读展现了茶人对生活积极向上的态度。

几百年岁月流逝而过，斗茶带给人们的那些烟火往事已消散在轻扬的茶汤中，然而那些穿街过巷的茶箱，担起了一段段丰富而鼎盛的“茶生活”。形形色色的茶箱里那些古人触碰过的茶盏，手握过的汤瓶，炭火烧过的茶炉，都浸润在这些不同版本的斗茶画中，给后人留下了动人的历史影像。

斗茶所用的茶器主要有茶笼和茶箱，也是明清乃至现代便携式茶家具或户外收纳茶箱的雏形。图 3-78 ～ 图 3-80 是不同版本的斗茶图，展现了形式多样、做工精美的各式茶箱和茶笼，体现了宋人从骨子里对茶的那份喜爱，以及在这份执着、用心与专注中享受生活中的美好。

从这些画中可以看到茶箱所用材料以竹材居多。与木材相比，竹材相对较轻，行走提拿比较方便。竹编工艺在我国历史也非常悠久，在《中国传统工艺全集·民间手工艺》[44]一书中提到，在浙江吴兴县的新石器时代遗址文物中出土了两百多件竹编器物。可见，我们的先民很早就已经掌握了竹编的工艺技术。

从形制上看，茶箱主要有两种：一种是上下两层的架格形式，与《茶经》中的具列相似；另一种是提篮或提箱的形式，与《茶经》中的都篮相似。

陆羽《茶经》中对具列的详细描述为“具列，或作床，或作架，或纯木、纯竹而制之，或木或竹，黄黑可扃而漆者，长三尺，阔二尺，高六寸。具列者，悉敛诸器物，悉以陈列也。”架格式的茶箱的形制来自于架式具列（图 3-81）。因为点茶所需器具较多，所以斗茶用的茶箱尺度较大，以竹材为主，功能依然是放置与饮茶相关的器物。

《茶经·四之器》记载：“都篮，以悉设诸器而名。”唐朝以煎茶为主，都篮主要用来收纳各种煎茶用的器具，起到收纳的功能（图 3-82）。而宋代斗茶用的提篮或提箱，与都篮功能相同，形制则更加丰富多样，有方的、圆的，类似水桶状，可手提、可肩背。

不管是哪种形式的茶箱，都是以收纳茶器、茶具为主要功能，同时便于行走时使用。它们也是最早的便携式茶家具和茶器的雏形，从中可以很好地窥见饮茶方式对茶家具和茶器演化的影响。

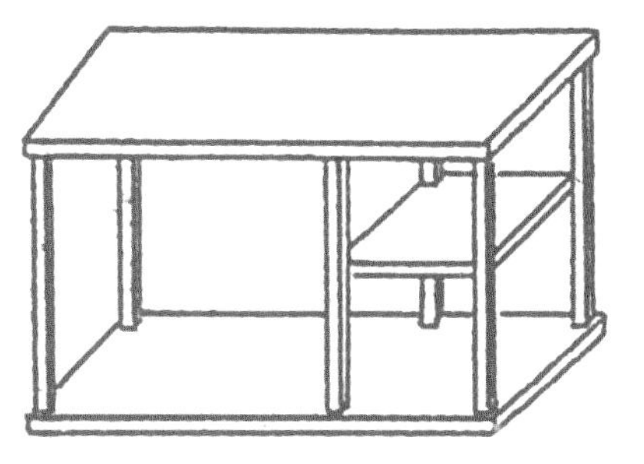

图 3-81　《茶经》中架式具列

图 3-82　陆羽《茶经》中的都篮

图 3-83　（北宋）张择端《清明上河图》（局部）

张择端《清明上河图》

与《韩熙载夜宴图》正好相反,《清明上河图》描绘的是宋代市井百姓的风俗和日常生活。关于《清明上河图》细节场景的讲解文献较多，通过这些资料，能够看到关于茶坊的一些信息。图 3-83 取自《清明上河图》的局部，展现的是汴河边的一家茶坊。画面中，茶坊里的茶桌和长条凳是主要的茶家具。市井家具更注重实用性，朴素简洁，却充满浓浓的生活气息。

宋朝的城市到处都设茶坊，就如同今天的咖啡馆。茶道可以很雅致，雅致到成为文人雅士重要的乐事之一；茶道也可以很普通，普通到成为街头巷尾平民百姓的日常之需。宋代点茶、饮茶、斗茶已经成为人们生活中极为普遍的事情。

李公麟《会昌九老图》

画中所绘为洛阳履道坊白居易的居所，描绘的是八位老人与白居易一起欢聚的场景。即使读书论道，点茶也是不可缺少的。居所侧房有专门的备茶区和侍茶的仆人。品茶区名士围坐的桌椅已经完全是高型家具了，圈椅和长桌简约、清雅、朴素，都是宋代家具典型的风格样式。

画面（图 3-84）左侧有单独的点茶备茶区，这里面的茶箱带有抽屉，上面摆放备茶用的茶器。后面有一个夹头榫的方形高桌，摆放各种器皿。最左边是一个如意开光石制圆墩。

图 3-85 中的点茶仪式与文人雅事的聚会活动是融为一体的。画中涉及的茶家具有茶箱、方桌、圆墩、圈椅、长桌。

（a）备茶区

（b）品茶区

图 3-84
《会昌九老图》
（局部）

图 3-85　（宋）李公麟《会昌九老图》家具说明

佚名《春游晚归图》

图 3-86　（宋）佚名《春游晚归图》，故宫博物院藏

这幅画的内容是宋人到郊外春游的场景，画中绿树婆娑，垂柳依依，弥漫着春的气息（图 3-86）。画中的茶家具有茶床、交椅、游山具。一人肩负形制小巧的茶床，一人抬着一把交椅。这时的交椅因为它的便携性和倚靠的舒适性，在户外饮茶中经常被使用。一人用扁担挑着“行具”，这里的行具，在《唐宋家具寻微》[38] 中有讲到，前边放风炉与点茶用汤瓶的为“茶镣担子”，也是一种茶床，后面的箱子叫“游山器”或“食匮”，里面放点茶用的各种物品。

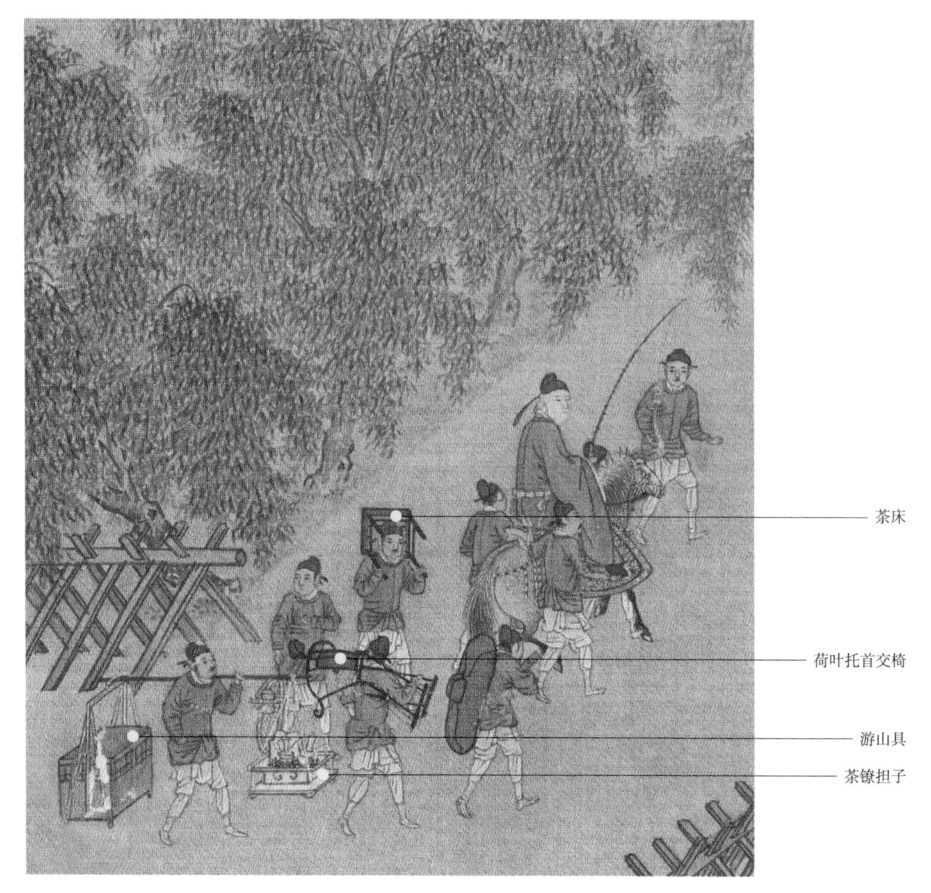

图 3-87 《春游晚归图》茶家具说明

图 3-87 为放大后的局部图，可以清晰地看到当时宋人使用的茶家具。形制小巧的茶床、交椅、食匮等，因可以折叠或者方便移动等特点，成为户外饮茶常用的茶家具，它们也使人们的生活起居变得更加自由与灵活。虽然只有一桌一榻或一把交椅，但是可提携出行，可坐、可卧、可靠，可独处一隅品茗，也可结伴畅饮。总之，这些轻巧便携的茶家具为在户外进行茶事活动的人们提供了更好的饮茶感受。

周季常和林庭珪合绘《五百罗汉图·吃茶》

图 3-88 的内容为南宋时期僧人饮茶场景，从图 3-89 的家具放大图可以看到僧人坐的僧椅脚踏已可见束腰形式，脚踏与座椅连为一体；方桌的夹头榫、侧面双横枨结构。图 3-90 的局部放大图中，还可以清晰地看到侍者一手持汤瓶，一手持茶筅，正在击拂点茶。这种点茶法与文献记载及其他宋画所描绘的基本相同，而且画面中黑釉茶碗配有红漆茶托的形式，也是宋代的流行茶器之一（图 3-91）。

图 3-91 （宋）建窑黑釉茶盏及剔红茶托

图 3-88 （南宋）周季常和林庭珪合绘《五百罗汉图·吃茶》（局部）

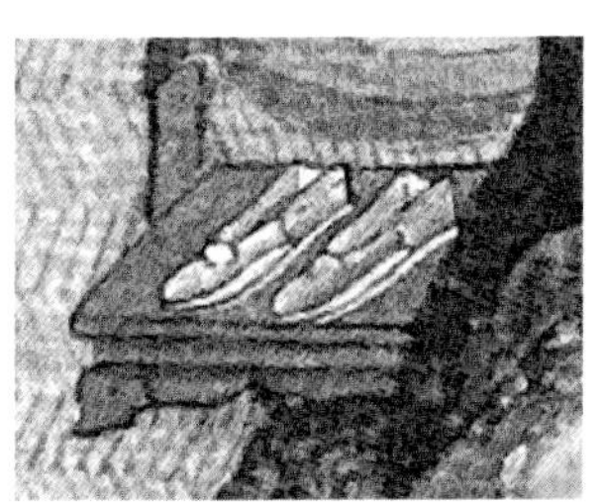

图 3-89 《五百罗汉图·吃茶》茶家具局部

图 3-90 《五百罗汉图·吃茶》点茶局部

李嵩《罗汉图》

图 3-92 （宋）李嵩《罗汉图》

图 3-92 展现的也是僧人饮茶的画面。画中有两件精美的家具——束腰香几和长凳。两件家具的色彩和雕饰纹样都很独特。香几是六边形，几面周边带围栏，下面有束腰，整体形制与建筑中的阁楼相似。长凳满满的雕饰纹样有卷草纹、团花纹以及云头纹，四条腿高出座面，竖直的腿依旧是六边形，与香几相呼应。与上一幅僧人饮茶场景中的家具不同，李嵩的这幅画中的家具风格明显带有异域风情和艺术化特色。

画面中的家具与当时宋代实用极简的风格，有明显的不同。笔者比较认同邵晓峰在《中国宋代家具研究与图像集成》中所述："这种形制结构应该也包含着画家的艺术化处理，在当时这样的结构用木材制作是有一定难度的。这一时期的罗汉图像中的家具形象具有奇异性、现实性与文人性并存的基本特征。"[45]

普及时期——元明清

元明清时期，散茶的出现简化了饮茶的流程，简单轻松的泡茶方式也推动了茶文化的迅速普及。

表 3-6　普及时期（元明清）茶生活和茶家具

饮茶方式	a. 泡茶法普及
	b. 朱元璋废除团茶，散茶流行
	c. 紫砂壶盛行，注重泡茶的水质
	d. 不拘泥于喝茶的形式，只要有一壶一杯、一桌一凳就可以很惬意地喝茶
使用者	各种人，尤其是文人雅士
特点	a. 泡茶流程简化，茶家具也随之弱化；竹茶炉以及户外饮茶的便携茶箱流行
	b. 茶家具主要与园林中茶寮相结合，或与书房家具共用
	c. 家具造型简约、挺拔，比宋代家具多了曲线的运用，更加柔美
	d. 清末茶馆盛行，茶家具基本为一桌四椅或条凳形式
	e. 推崇自然美，根雕、珊瑚石等自然形态的茶桌、茶凳流行
种类	方桌、长案、蒲团、竹茶炉、茶箱、方凳、圆凳、长条凳、根雕桌、石桌、插花瓶器、圈椅、靠背椅、榻、屏风等
材质与工艺	a. 黄花梨、铁力木等优质硬木使用较多；注重木材的天然纹理和色泽
	b. 家具比例匀称、无过度装饰、功能合理，典雅、挺拔，刚柔并济
	c. 形成了科学且丰富的榫卯结构，既美观又牢固
	d. 明末至清，螺钿、雕刻等应用较多，风格逐渐走向繁琐与奢华。
生活方式	a. 饮茶成为交流或独处、郊游或雅集等的必需内容之一
	b. 瓶花、根雕、茶炉等茶席美学开始流行
	c. 文人雅士参与居室空间和家具设计，造就了辉煌的明式家具
	d. 清末茶馆流行，形成了特有的茶馆文化，饮茶与说书、闲聊、谈事等成为重要的社交和休闲的方式
使用环境	园林、户外、书房等

赵原《陆羽烹茶图》

这幅画作是以陆羽烹茶为题材创作的，画中还附诗一首：“山中茅屋是谁家？兀坐闲吟到日斜。俗客不来山鸟散，呼童汲水煮新茶。”诗中透着恬淡与静雅。中国茶叶博物馆编著的《话说中国茶》[23]一书这样描写此画面：“画中翠林掩映下一轩茅屋，屋内峨冠博带、倚坐榻上者即为陆羽，旁边有一童子焙炉烹茶。”从画中可见矮榻、蒲团、煎茶炉，简简单单几件器具就将人、茶、

图 3-93 （元）赵原《陆羽烹茶图》（局部）

自然融为一体，开辟了户外饮茶的自然之风（图 3-93）。

在元代，饮茶法处于交替时期，宋代精致的点茶逐渐被散茶的泡茶法取代，而贵族阶层一些人依然很怀念唐宋时期的饮茶法，所以不仅茶画，而且在元代人的文学作品中，也偶尔能见到描述煎茶和点茶的诗篇。精通汉学又爱茶的耶律楚材在《西域从王君玉乞茶因其韵（七首）》中写道：“积年不啜建溪茶，心窍黄尘塞五车。碧玉瓯中思雪浪，黄金碾畔忆雷芽。”“玉杵和云舂素月，金刀带雨剪黄芽。”“红炉石鼎烹团月，一碗和香吸碧霞。”足见其对点茶的怀念之情。

图 3-94　（元）山西大同宋家庄冯道真墓壁画《道童》（局部）

冯道真墓壁画《道童》

图 3-94 是山西大同冯道真墓壁画局部，所展现的是当时备茶的场景。画中清晰可见一个女仆手持带托的茶盏。身旁的方桌上放着一叠茶托与茶碗，炉上放有茶鍑，旁边有一个茶盒。与宋代时的茶画相比，此画的备茶区已经少了很多专门的茶家具和茶器，只有一个如意足的方桌，依旧承袭了宋时的极简与古朴之风。

元代开始，点茶和斗茶之风逐渐消失，茶艺变得简约化，茶美学中融入了更多的自然情怀。茶家具也从这个时期走向了简化与便携之路。

文徵明《惠山茶会图》

水是茶的重要伴侣，唐代张又新在《煎茶水记》中记载最早提出鉴水试茶的人是唐代的刘伯刍，刘伯刍云："羽为李季卿论水，次第有七品。杨子江为第一，惠山石泉为第二，皆不及余干之越水。"[21]

自古名山出名泉，自从惠山被评定为天下第二泉之后，与此相关的茶事也越来越多，惠山寺内有很多高僧，文人雅士们经常与他们在寺中汲泉饮茶，于是便形成了惠山寺的文会雅集。

文徵明曾写过五言长律诗《咏惠山泉》，开头四句是："少时阅茶经，水平谓能记。如何百里间，惠泉曾未试。"中间也有几句生动描写："不论味如何，清沏已云异。""高情殊未已，纷然各携器。""吾生不饮酒，亦自得茗醉。"[2] 可见饮茶人到惠山时都是非常兴奋的，各自携带茶器，采泉而归，品茗而醉。从这些诗词片段中，足以看出惠山泉在明代诗人和饮茶人心目中的重要地位。

图 3-95 是文徵明与几位友人相聚无锡惠山，汲惠山泉水泡茶会友的茶会

文徵明的《咏惠山泉》

少时阅茶经，水平谓能记。
如何百里间，惠泉曾未试。
空余裹茗兴，十载老梦寝。
秋风吹扁舟，晓及山寺前。
始寻琴筑声，旋见珠颗沁。
龙城雪濆薄，月沼玉渟泗。

乳腹信坡言，圆方亦随地。
不论味如何，清澈已云异。
俯窥鉴须眉，下掬走童稚。
高情殊未已，纷然各携器。
昔闻李卫公，千里曾驿致。
好奇虽自笃，那可辨真伪。
吾来良已晚，手致不烦使。

袖中有先春，活火还手炽。
吾生不饮酒，亦致得茗醉。
虽非古易牙，其理可寻譬。
向来所曾尝，虎丘出其次。
行当酌中泠，一验逋翁智。

（摘自徐海荣主编《中国茶事大典》[2]）

图 3-95　（明）文徵明《惠山茶会图》

场景。明代爱茶之人已经开始注重水的品质。

图 3-96 的局部画面中所绘的茶家具主要是一张朱漆木案和一个方形的茶炉。自从朱元璋废除了团茶之后，明代开始了泡茶法，用散茶直接放在茶壶中冲泡，饮茶的流程大大简化，所需的家具和器具也相对减少。这时的茶家具依旧沿袭了宋时的简雅素朴的风格，但种类已经明显减少。

图 3-96
《惠山茶会图》备茶区茶家具与茶器

文徵明《品茶图》

图 3-97 中茅舍两间，一为正房，一为厢房，正房内有两人对坐，分别是文徵明与陆子传，师徒两人对饮，一桌两凳，饮茶桌上一壶两盏。另外，在侧屋有仆人煮水伺茶。简单勾勒之下，一幅形象生动的茶舍空间跃然纸上。

随着明代园林建筑的兴起，饮茶的场景多在户外或庭院中，这便形成了茶寮。茶寮文化是明代饮茶的一个特色。品茶于山水间是文人雅趣，一山一水，一室一茶，品茶对饮，通山水之灵气。茶寮是对茶空间和茶美学的又一次推动。

明代茶道开始注重茶寮的设计，《长物志》中对于茶寮的描述为："构一斗室，相傍山斋，内设茶具，教一童专主茶役，以供长日清淡，寒宵兀坐。幽人首务，不可少废者。"[46] 在其他文献中也有关于茶寮的记载，如许次纾的《茶疏》："小斋之外，别置茶寮。高燥明爽，勿令闭塞。壁边列置两炉，炉以小雪洞覆之，止开一面，用省灰尘腾散。寮前置一几，以顿茶注、茶盂为临时供具。别置一几，以顿他器。旁列衣架，巾悦悬之，见用之时，即置房中……"[47] 明代杨慎在《艺林伐山 · 茶寮》中记载："僧寺茗所曰茶寮。""寮"的本意是长

图 3-97 （明）文徵明《品茶图》（局部）

图 3-98 （明）文徵明《浒溪草堂图》

排的房子，是僧人住的房舍，佛教中称为“寮房”。在私家园林中，茶寮是专门烹茶用的房舍，要与正房分开建，因为明代建筑多为木结构，而茶寮内要有炉子生火煮水，故要堆放火炭、树枝等易燃物，为防火患，一般都独立出来，建在主体建筑的旁边，增加安全性。对于没有专设茶寮的园林空间，茶具多置于书斋或书房内，如爱茶的文人费元禄的晁采馆、《茶德颂》作者周履靖的梅墟书屋中必有饮茶之器。书房家具中的桌、架格、玫瑰椅、圈椅、扶手椅、墩、凳、炕几等也是现代室内茶空间常用的家具。在文徵明的《品茶图》和《浒溪草堂图》（图 3-98）中都出现了茶寮的饮茶场景。

可见，在明代茶寮已经是茶人进行茶事雅集活动的重要空间，茶不仅是高雅生活品味的象征，更是恬淡生活情调的组成部分。自明代开始，追求饮茶的自然美和环境美逐渐成为一种潮流和趋势。明代茶画中，山、石、松、竹、烟、泉、云、风、鹤等物象频繁出现，饮茶场景往往与清静的山林、俭朴的柴房，亦或是潺潺的清溪、幽密的松涛相伴出现。明代画家陈红绶和丁云鹏所绘的《停琴啜茗图》《闲话宫事图》《高隐图》《玉川煮茶图》等，还描绘出了如瓶花干枝、根雕等与自然元素融合的茶席场景，里面的很多元素也成为现代茶席的雏形。

明代，朱元璋废除了团茶和饼茶后，点茶以及相应的器具也逐渐减少，散茶开始流行。散茶的冲泡方式使饮茶流程被大大简化，专属的茶家具反而不多，基本都是和文玩、博古、书房等空间家具共用。而在此时期，园林兴起，使在庭院茶寮喝茶为文人所推崇，户外饮茶流行起来。所以，这一时期，茶家具主要依托两个空间，一个是书房，另一个是园林茶寮。

明代茶家具造型简约、挺拔，比宋代家具多了曲线的运用，更加柔美；清末茶馆盛行，茶家具基本为一桌四椅或条凳形式；推崇自然美，根雕、珊瑚石等自然形态的茶桌、茶凳流行；书房家具如玫瑰椅、罗汉床、书架等也同时作为茶家具使用；竹茶炉以及户外饮茶的便携茶箱也流行起来，瓶花、根雕、茶炉等器物所彰显的茶席美学初露端倪。

文徵明《真赏斋图》

文徵明爱茶，绘制了很多著名的茶画，图 3-99《真赏斋图》便是表现私家园林题材与茶画结合的作品。画面中太湖石、古松、远山与草堂书屋，构成了一方秀美幽静的天地。古松掩映着三间屋舍，正中间的书斋里有三人，主宾隔案对坐，一旁仆人伺茶和笔墨等。左室无人，透过半卷的窗帘，依稀可见陈列书籍简牍的书架和放着古琴的几案，这间应该是书斋。后边房舍中有两个仆人正在火炉边煮茶，这应该是茶寮空间。图 3-99 是饮茶区、备茶区、书房的局部放大图，可以清晰地看到其中的茶家具与茶器。

这里的家具对现代茶空间的布局及茶家具都产生了很大的影响。明代的书架也叫架格，用来放书等物品，现代茶空间中架格用来摆放茶叶、茶具等物品，并且成为茶空间中一件重要的茶家具。在隋唐时期，柜类家具在古画的茶事中并不常见，明清之后逐渐普及开来，并一直延续至今。图中其他家具也是明式家具的风格，简雅清秀。

图 3-99　（明）文徵明《真赏斋图》

图 3-100　（明）唐寅《事茗图》（局部）

唐寅《事茗图》

画面之中，一人一桌一椅，桌上一壶一杯一书。茅舍内置长茶桌、靠背扶手椅，桌上放一把大的提梁紫砂壶，人坐在窗下，茶盏在手，茶香沁人，清风过处，一幅岁月静好的场景。明代文人的茶事情怀，与茶、与自然、与自我，一句“道法自然”足以浓缩自然派茶人隐逸生活的茶缘。

唐寅生活在明朝中叶，点茶法已经基本消失，冲泡法已十分流行，冲泡法也促使了紫砂壶的流行。1982 年中国文物出版社出版的《中国陶瓷史》认为“紫砂器”创始于宋代，至明代中期开始盛行。紫砂壶在明朝正德年间逐渐流行起来，并一直延续至今。从这些古画中也能窥见饮茶器皿在种类和器型上的变化。

图 3-100 中的家具有一个长桌，一把扶手椅。长桌宽度方向设有两根横枨，形制简约，没有多余的雕花装饰，高靠背扶手椅也是纤秀简雅。无论长桌还是靠背椅，都已经是明代常见的家具形制。

仇英《东林图》

图 3-101 是仇英的《东林图》，画中央有一个亭轩，二人在圆凳上相对而坐。右边有童仆泡茶，一人扇炉煮水，一人收拾茶具。炉上是紫砂壶，用的茶盏为白瓷盏，石案上还有一个青瓷罐。此时的饮茶已完全没有唐宋时那样复杂的仪式感，饮茶已成为一件随手之事，不拘泥于专门的桌椅和几案，只需一凳一炉、一壶一盏，便可其乐融融，轻松自然。但也正是这样的泡茶法，极大地促进了中国茶具的发展。明清饮茶对于泡茶茶具的要求非常高，如何激发茶叶内在的茶香也成为饮茶的重点。文震亨在《长物志》的“香茗候汤”里写道：“先以滚汤候少温洗茶，去其尘垢，以‘定碗’盛之，俟冷点茶，则香气自发。”“茶瓶、茶盏不洁，皆损茶味，须先时涤器，净布拭之，以备用。”[48] 可见当时人们更注重入口茶汤的内质以及茶具如何与茶叶搭配才能泡出更好的茶味，这些成为人们关注的焦点。

图 3-101 （明）仇英《东林图》

谢环《香山九老图》

图 3-102　（明）谢环《香山九老图》

“九老图”题材的画作很多，如北宋李公麟的《会昌九老图》、明代中期周臣的《香山九老图》等，都是描绘以白居易为代表的已经退隐的文人雅士，隐居田园生活、远离世俗、忘情山水的生活场景。图 3-102 是明代谢环所作，因为描绘的是洛阳香山的九老聚会，故叫作《香山九老图》。

图 3-103　（明）谢环《香山九老图》局部

把此画放在明清这个部分，不仅因为画家谢环是明代的，更重要的是，明代饮茶的普及性也体现在对唐宋茶画的描摹中。同一题材的茶画会有不同画家绘制的版本，各有千秋，也丰富了明清茶画的种类和数量，远远超

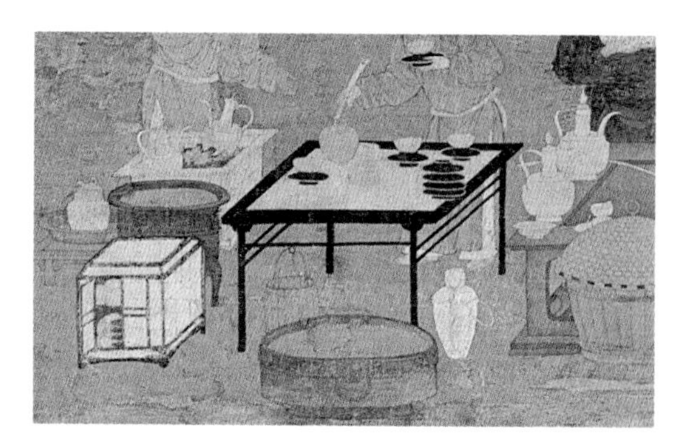

图 3-104　（宋）赵佶《文会图》局部

过了唐宋时期。这也从另一个侧面印证了明清茶文化的普及与流行。

在图 3-102 中，可见园林庭园之美：户外树荫怪石下，石板桌上摆放着盝顶茶箱、茶碾、红漆茶托和白色杯盏，这些都是宋代点茶所用的器具，而茶炉上的煮茶壶却是明代常用的紫砂壶。图 3-103 和图 3-104 分别是宋代谢环《香山九老图》和赵佶的《文会图》茶器部分，对比可见画家谢环对茶的造诣也颇深，对宋代点茶也有很深的了解。

图 3-105《香山九老图》局部场景图展现了屋舍内外的家具和茶器，朱漆的家具十分抢眼，书桌、圆凳、方桌和长条案都带有明显的明式家具的特征。明清时期，这种茶画中的叙事朝代与画家生活朝代不同，使饮茶用的器具呈现多元混杂的特点，也是比较常见的。

（a）备茶区

（b）品茶区

图 3-105 《香山九老图》局部

仇英《西园雅集图》

图3-106 （明）仇英《西园雅集图》

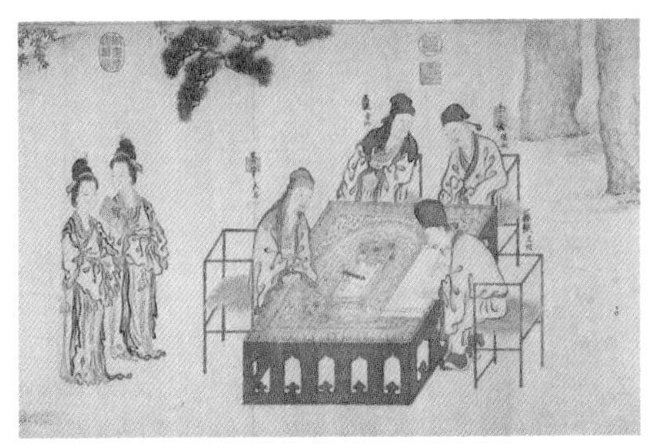

（a）（明）李公麟《西园雅集图》

（b）（清）丁观鹏《西园雅集图》

宋代分别有马远、李公麟和刘松年画的《西园雅集图》，明代的仇英和清代的丁观鹏分别绘有《西园雅集图》，可见这个题材是多代画家都青睐的。自古雅集基本都会有茶饮相伴。在仇英的这幅画中（图 3-106），画面左下方和右上方分别有备茶区，茶器都摆放在石板桌上。品茶区的家具都是带托泥的大案，可以围坐多人，朱漆大案的如意云纹牙板和腿足，非常精美。竹编鼓凳带着软包座面，在明清多幅茶画中都有出现，可见这也是当时流行的一种凳类家具。

以下把宋代和明清的几幅《西园雅集图》放在一起（图 3-107），可以看到不同时期、不同画家笔下的文人雅士的茶事活动有区别也有延续，一张张看过，观赏者仿佛时空穿梭，在古代茶画中穿越，一起重温那时那地那样的一种茶事影像。

（c）（宋）马远《西园雅集图》

（d）（宋）刘松年《西园雅集图》

图 3-107　不同朝代画家的《西园雅集图》

仇英《竹院品古图》

仇英的《竹院品古图》（图 3-108）描绘的是苏轼、米芾等文人在庭院中品赏古玩和青铜器的情景，是仇英《人物故事图册》中的一幅。自古以来，品古就是文人雅士的一项爱好。而文人作为中国古代的一个特殊群体，对社会很多方面都产生了较大的影响力和特殊作用，文人间的聚会往往是为了追求较高的精神价值和深厚文化内涵的一种活动，雅集和品古都属于这样的活动形式之一。

此画中的家具较多。首先看屏风，在整个画面中起到了分割不同功能空间

图 3-108 （明）仇英《竹院品古图》

的作用，同时也很好地围合出品古的空间。巫鸿先生在《重屏》中提道："屏风是一个很好的媒介，可以被当作一件实物，一种绘画媒材，一个绘画图像或三者兼具。在古代，屏风在人们的生活起居中一直占据着重要的位置。屏风也可以被看作一种准建筑形式，它不仅占据一定的三维空间，而且还对空间进行划分。"[49] 此画面中屏风十分精美，内嵌山水画屏心。

屏风后面一个童仆正在炉火前摇扇煮茶，炉上放置一个敞口白色垫圈，上面是紫砂茶壶，这样可以使炉火更加均匀加热。屏风前面是品古的主要活动区域，主要的家具有马蹄腿带束腰的长画案、夹头榫的方桌、湘妃竹的禅椅、竹编鼓凳等，从放大的局部图 3-109 可清晰看到其家具的细节，都是典型的明代家具的特征——清雅、简约。

（a）画案与禅椅局部

（b）竹编鼓凳局部

（c）方桌局部

（d）煮茶区局部

图 3-109
《竹院品古图》局部场景

王问《煮茶图》

王问的《煮茶图》（图 3-110）比较生动地再现了明代饮茶的场景，与唐宋时期有了明显的不同。画面右侧为泡茶场景，从图 3-111 的局部放大图可以看到，有一个斑竹做的竹茶炉，形制简约，以直线为主，内有陶土炉膛，一侧有放炭和出烟的洞口，炉上有一只提梁紫砂壶。文士坐在蒲团上，手拿两根炭夹拨动竹炉里的炭火，正在煮水泡茶。身后有水缸，缸中有水勺。

从这里可以清晰地看到竹茶炉成为泡茶法中使用的尺寸最大的器具了，再无其他桌或案等辅助性茶家具。

图 3-110　（明）王问《煮茶图》

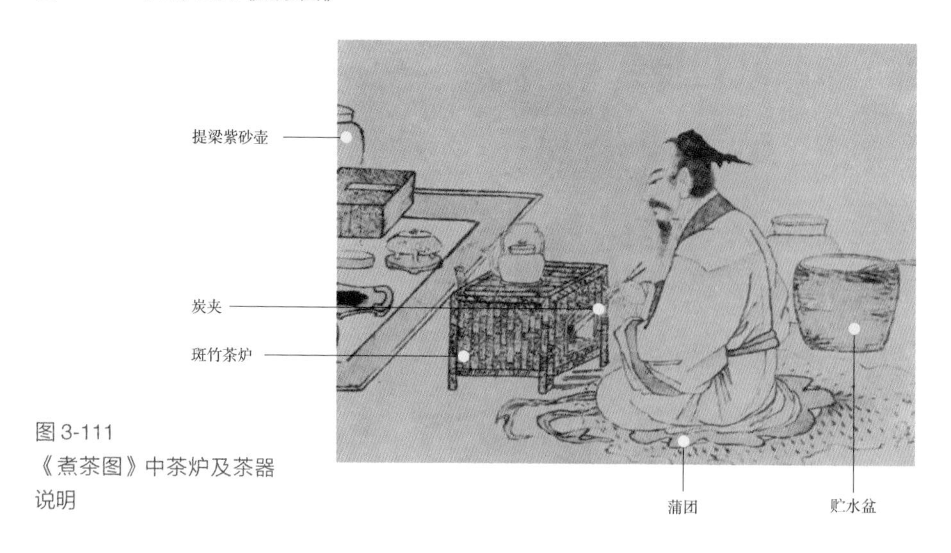

图 3-111
《煮茶图》中茶炉及茶器说明

图 3-112　清乾隆紫檀木茶具及各式茶器

图 3-113　清乾隆竹茶炉及底部

这里重点说一下竹炉。

竹炉（也叫竹茶炉）可以说是明清时期一件比较重要的茶器。清代陆廷灿编撰的《续茶经》中的《分封茶具六事》介绍了六种茶具，第一种就是竹炉。陆廷灿也将竹炉称为“苦节君”，因竹略带苦味，节节相连，清直不弯，有君子风度，故此得名，并在《苦节君铭》中用三十二个字描述竹炉：“当形天地，非冶非陶。心存活火，声带湘法。一滴甘露，涤我诗肠。清风两腋，洞然八荒。”解读下来大概的意思就是：竹炉的造型上圆下方，这恰好与古人尊崇的天圆地方相同；竹炉外框用毛竹做成，不是铁器，也非陶器；竹炉内放炭火；用湘妃竹编成竹炉煮水，水声如涛声；茶水如甘露，饮之可怡情。

竹炉成为饮茶的一个重要用具，还与乾隆的喜爱分不开，图 3-112 为乾隆所用的各式茶器。据说乾隆南巡时在无锡惠山听松庵竹炉山房烹茶，对质朴素雅的竹茶炉情有独钟，命人进行仿制，并且还仿造二处茶舍，分别取名“竹炉山房”和“竹炉精舍”[50]。竹炉成为乾隆茶舍的必备之器，乾隆在《仿惠山听松庵制竹炉成诗以咏之》中写道：“竹炉匪夏鼎，良工率能造。胡独称惠山，诗禅遗古调。腾声四百载，摩挲果精妙。陶土编细筠，规制偶仿效。水火坎离济，方圆乾坤肖。讵慕齐其名，聊亦从吾好。松风水月下，拟一安茶铫。独苦无多闲，隐被山僧笑。”图 3-113 为清乾隆十六年制的竹茶炉及其底部。现在也依然有此款竹炉的仿品，它是很多茶人喜欢的一款具有复古感的茶炉。

丁云鹏《煮茶图》

此画（图3-114）是明朝画家丁云鹏所作，画面以唐代著名的“茶仙”卢仝煮茶的故事为题材，但所表现的已非唐代煎茶而是明代的泡茶场景。

卢仝，自号“玉川子”，他的《七碗茶诗》最为脍炙人口，传唱千年而不衰。《七碗茶诗》曰：“一碗喉吻润，二碗破孤闷。三碗搜枯肠，惟有文字五千卷。四碗发轻汗，平生不平事，尽向毛孔散。五碗肌骨清。六碗通仙灵。七碗吃不得也，唯觉两腋习习清风生。”

画面中的家具有黑漆榻，榻边放着一个精致的竹炉，炉上一把紫砂壶正在煮水。黑漆榻采用云纹腿足、夹头榫，依稀可见榻

图3-114 （明）丁云鹏《煮茶图》（局部）

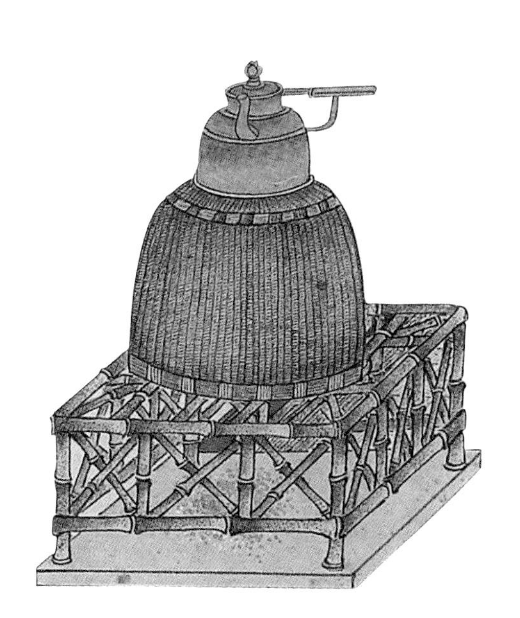

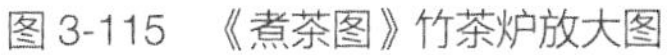

图 3-115 《煮茶图》竹茶炉放大图

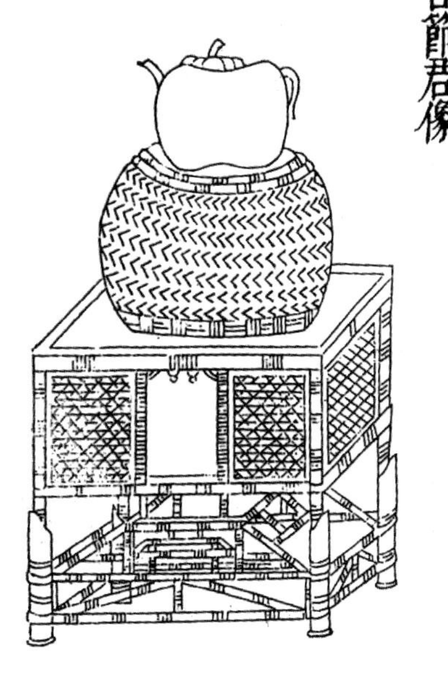

图 3-116 （明）顾元庆《茶谱》中的苦节君像

四边的小雕花，也使榻变得十分精致。榻前有一个石案，上有茶罐、茶盒、茶壶、杯盏和假山盆景等。而画面中另一件非常经典的饮茶用具就是榻上放的竹茶炉。可见明清时期这种竹茶炉是非常受文人雅士喜爱的。

这个竹茶炉不同于之前王问画中的竹茶炉，它的形制更加轻盈通透，如图 3-115 所示。此茶炉依然是上圆下方的造型，但是下边采用了镂空形式的竹编框架，而上边是一个圆形竹篓，内部放炭火，上边放紫砂壶煮水泡茶，形制与图 3-116 顾元庆的《茶谱》中的苦节君相似，但整体更加简洁轻便。可见，在文人的参与下，明朝时期茶家具和饮茶用具在形制和造型上更加丰富，也更有设计感。

沈贞《竹炉山房图》

图 3-117 （明）沈贞《竹炉山房图》（局部）

图 3-117 是沈贞所绘的《竹炉山房图》，所谓“竹炉山房”，原为惠山寺的弥陀殿，因为高僧普真请湖州竹工编制竹炉的轶事，后改成此名。文献中载有竹炉的形制：“竹炉高不满尺，上圆下方，形状如同道家的乾坤壶，以谓天圆地方之说。”[51] 从局部放大图 3-118 中可以清晰地看到竹茶炉的形制，竹茶炉上是长柄的紫砂壶。

图中所呈现的家具已是明代家具的风格，束腰、彭牙鼓腿等都是比较经典的明式家具的特征。

此画中，饮茶所用的茶家具主要是矮桌、方凳、圆凳。山林茅舍之中的自然情怀，人们与茶相伴，即便清贫也怡然自得了。而寄情怀于山水间的茶美学观也成为明清时期的一个明显特征。

图 3-118 《竹炉山房图》局部放大图

陈洪绶《停琴啜茗图》

画中（图 3-119）所绘是两位宽袍长袖的高士手持茶盏，相对而坐，品茗相谈甚欢。画中比较醒目的是大量的珊瑚石、造型崎岖的石案、高大的瓶花，这些也都是陈洪绶茶画中经常出现的元素，可见当时这种自然元素的审美是非常流行的，而茶家具就是这些自然之物。珊瑚石上可以摆放茶炉和茶壶，石案可以作为茶桌，瓶花是为了更好地营造饮茶的氛围感。

图 3-119　（明）陈洪绶《停琴啜茗图》

陈洪绶《闲话宫事图》

这幅画（图 3-120）描绘的是东汉末年伶元与其妾樊氏对坐在石桌前，一起闲谈宫廷往事的场景。两人中间一张造型古朴自然的石板茶桌，其上摆放着紫砂茶壶、茶杯、贮水瓮、茶盒、细长的瓶花，一剪寒梅自瓶中绽放。两人坐在同样自然随形的石头凳上。

这个时期的茶家具、茶器等没有像唐宋那样的专属功能，有时候在自然环境中，一个平整的表面就可以摆放茶具，自成一个喝茶小空间。从石桌上摆放的形式可以看到，与现代的干泡法茶席已经十分相似。

图 3-120　（明）陈洪绶《闲话宫事图》

丁云鹏《玉川煮茶图》

图 3-121 （明）丁云鹏《玉川煮茶图》

画面（图 3-121）描绘的是卢仝饮茶的场景，中间长须之人为卢仝，神态安详地闲坐在青石上。身后的礁石作桌面，其上放置茶壶、茶罐、茶盏等。座前一个根雕上放置竹茶炉和紫砂壶。

画面呈现的是典型的明代泡茶法。明代人喜好在户外喝茶，户外的根雕、石雕、石案等也同时兼具喝茶用的家具功能。

陈洪绶《高隐图》

图 3-122 （明）陈洪绶《高隐图》

画中（图 3-122）一位隐士拿着蒲扇盘坐在茶炉前，正在煮水泡茶，石桌上放置着茶炉、茶壶、白瓷茶盏，另有小水缸一只，水缸中放着一把弯柄大勺。这张石制茶桌旁边有一个根雕，上面有一个大腹小口的巨型花瓶，瓶中一枝梅花斜伸出来。这些由自然元素组成的喝茶空间，也一直在现代茶事活动中沿用。

仇英《写经换茶图》

图 3-123 （明）仇英《写经换茶图》

图 3-123 是仇英所绘的《写经换茶图》，主要描绘元初大画家赵孟頫写佛经与和尚换茶的故事。

松林掩映下，赵孟頫在石桌上抄写佛经，和尚对面而坐，两人坐在带托泥的竹编鼓凳上，身旁还有正在炉前摇扇煮水的侍茶小童在林间穿行。煮茶区马蹄足的红漆小案也非常醒目。

通过局部放大图（图 3-124）可以看到家具及器具的细节，其造型简洁、轻巧，曲直相间，竹编鼓凳与石桌形成了鲜明的对比。

图 3-124 《写经换茶图》局部

钱慧安《煮茶洗砚图》

图 3-125 （清）钱慧安《煮茶洗砚图》

画面（图 3-125）只出现了三个人，一个是主人凭栏而坐，一个是童仆在怪石后煮茶，另一个童仆在溪水边洗砚台。局部放大图（图 3-126）中可见其细节的精美。

水榭之上，主人凭倚在竹制的栏杆上，身后条案摆有古琴、书籍、斜插灵芝的古尊以及配有木制底座的精美香炉，还有一把紫砂壶和一只白瓷盏，白瓷茶盏和紫砂的搭配也是大受清代文人的喜爱，不少茶画中都有这样的组合。画中通过主人身后的一壶一杯，也反映了清代文人独饮的茶生活状态。

图 3-126 《煮茶洗砚图》局部放大图

叶芳林《九日行庵文宴图卷》

此画描绘了重阳节马氏兄弟在行庵与友人们举办雅集的场景。行庵坐落在扬州天宁寺西隅，其间松柏怪石交相掩映，芭蕉叶下，雅士们品茗相谈。

在图 3-127 这幅画中出现了好几种不同类别的家具。画面右侧为藤面的榻，后面为一个山水画立屏，前面是一把高靠背扶手椅。从局部放大图可见一张插肩榫的大方案，案上摆放着茶壶、茶盏、瓶花还有书籍。案后面有一张靠背椅，可见这个方案为主人平日用于读书绘画之用。案前的老者坐在藤墩或带托泥的方凳之上。户外自然雕琢的石桌也构成了人们可以依凭饮茶的家具之一。

大方案、榻、屏风、圆凳、方凳、扶手椅、靠背椅、石案等，这些都是茶事活动中常用到的茶家具，它们同时兼作书斋家具或庭园家具（图 3-128）。

图 3-127　（清）叶芳林《九日行庵文宴图卷》（局部）

图 3-128 《九日行庵文宴图卷》局部放大图

图 3-129 （清）冷枚《赏月图》

图 3-130 （清）佚名《乾隆观月图》

佚名《乾隆观月图》

清朝画家冷枚的《赏月图》（图 3-129）深得乾隆喜欢，他便命画师重新临摹，并将自己放入画中成为主要人物（图 3-130）。

《乾隆观月图》画作中的茶棚架和现代茶室使用的样式基本一样。在之前的茶画中，放置茶具和茶器的多数是茶箱或茶盒，大一点的如元代辽墓壁画中的多层收纳柜。做成这样开放的架格形式，只有明清茶画中才能看到。从图 3-131 可见，此架格分成三层，最下面有一个抽屉，用来放炭，最上层是泡茶的器具和杯盏，整体采用湘妃竹做成。这种茶棚架最初来源于《茶经》中的具列。

《茶经》中具列的详细描述为“具列，或作床，或作架，或纯木、纯竹而制之，或木或竹，黄黑可扃而漆者，长三尺，阔二尺，高六寸。具列者，悉敛诸器物，悉以陈列也。”从这里看到具列的尺度信息，按照现在单位换算就是长 92.1cm，宽 61.4cm，高 18.4cm。画中的茶棚架尺度比具列大，比明清时期的架格柜又小很多，放在椅子旁饮茶非常方便。

图 3-131 《乾隆观月图》局部

宋徽宗的茶道造诣、美学造诣都是极致的，对于宋代茶文化的发展起到了极大的推动作用。此外，还有一位清朝的皇帝，乾隆皇帝，不仅爱茶，还对茶有独到的见解。吕维新在《清代宫廷茶礼》[52] 中提道：“乾隆六次南巡中有四次到杭州龙井，微服私访，深入茶园和作坊，亲自观看采茶、造茶，也体会到茶农的艰辛。”他们对于茶文化的推动与贡献绝非一般爱茶人可与之比拟。之前提到过的乾隆对竹茶炉的热爱，不仅如此，他还参与了很多茶家具、茶器、茅舍等的设计。

图 3-132 乾隆时期提盒

清代的提盒或叠桌，可以说是清代茶人的便携式百宝箱。它由《茶经》中的都篮演变而来，宋时多叫游山具，在明清时期更加小巧精美，图 3-132 中地面放置的提盒使饮茶更为方便。比如图 3-133 乾隆时期的叠桌，内部有两个长方形木盒，其中一个盒子增加了一个活动的浅盒，浅盒下面是另一个存放空间，这个设计很巧妙，为了节约空间制成折叠式，可以随时拆装。

此外，乾隆使用过的紫檀木茶器（图 3-134）都十分精致，但同时更融合了乾隆对于茶的独到理解，在功能与使用上更加巧妙方便。乾隆御制的《竹炉山房图》，也是非常珍贵的关于清代茶室空间的资料。竹炉山房构造简朴素雅，二楹茶舍，竹材茅屋，屋内一几一榻，几上还有上圆下方的竹茶炉。乾隆亲自作诗：“石壁前头碧水涯，�炉制学老僧家。清游兴尽欲归去，且吃山房一碗茶。”乾隆为清代茶文化和茶器的发展描绘下了浓墨重彩的一笔。

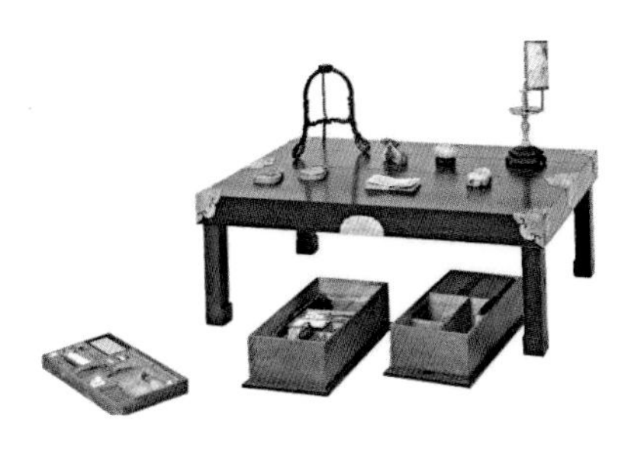

图 3-133　乾隆时期的叠桌

图 3-134
乾隆时期紫檀木茶器

明清时期的很多茶器一直沿用至今，对现代茶家具和茶器有很大的影响。这里要提到的是一本《卖茶翁茶器图》的书。卖茶翁生活在日本江户时代，也就是我国明清时期。他用的茶器都是依照从我国大唐传入日本的中国茶器制作的，木村孔阳氏模绘了卖茶翁的茶具共计 33 件，形成了《卖茶翁茶器图》[53]，这些为茶家具和茶器发展的研究提供了非常好的参考。以下是部分茶器图（图 3-135）。

《卖茶翁茶器图》共列举了 33 件茶器，比《茶经》中的多了不少，可见在使用过程中，茶器也有了进一步的细分和细化。从这里也看出，茶不仅越来越流行普及，而且茶文化与茶美学也在逐渐提升，茶道日趋精致，人们更注重饮茶的器用之美。

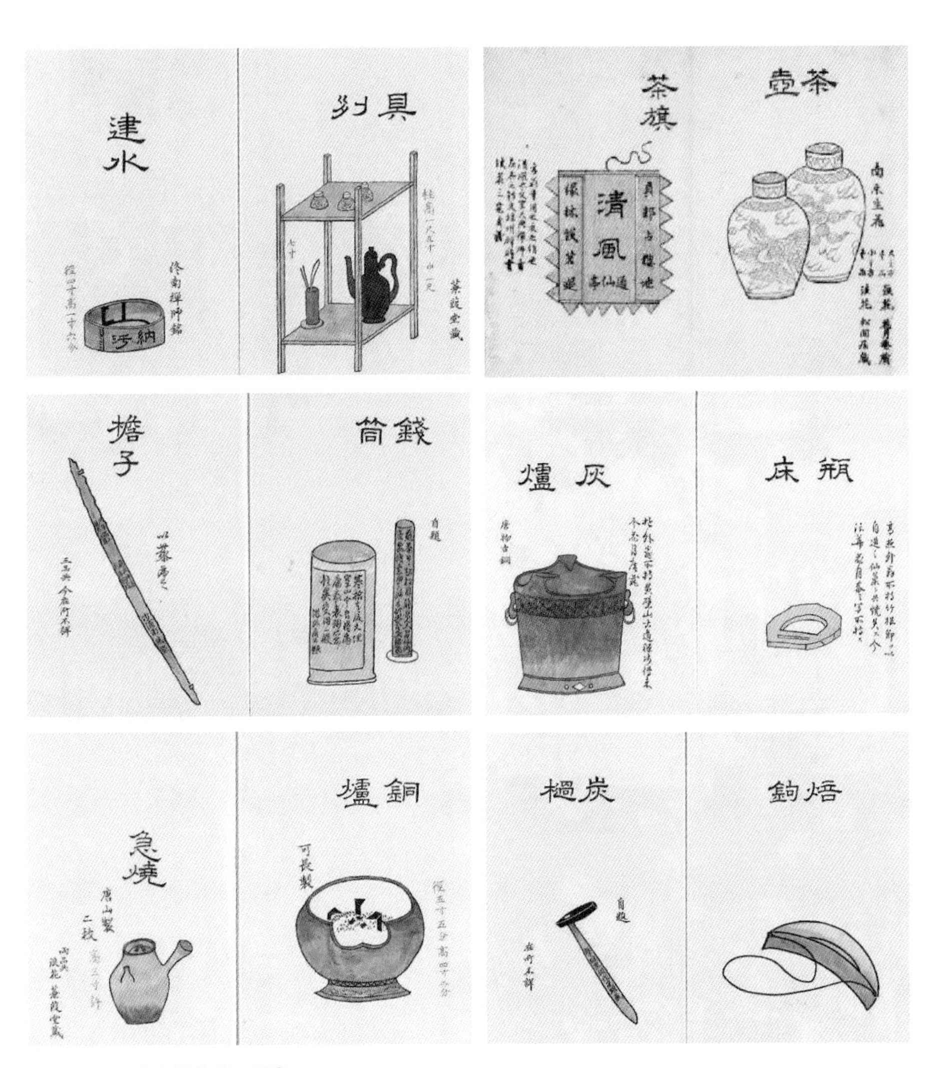

图 3-135 《卖茶翁茶器图》

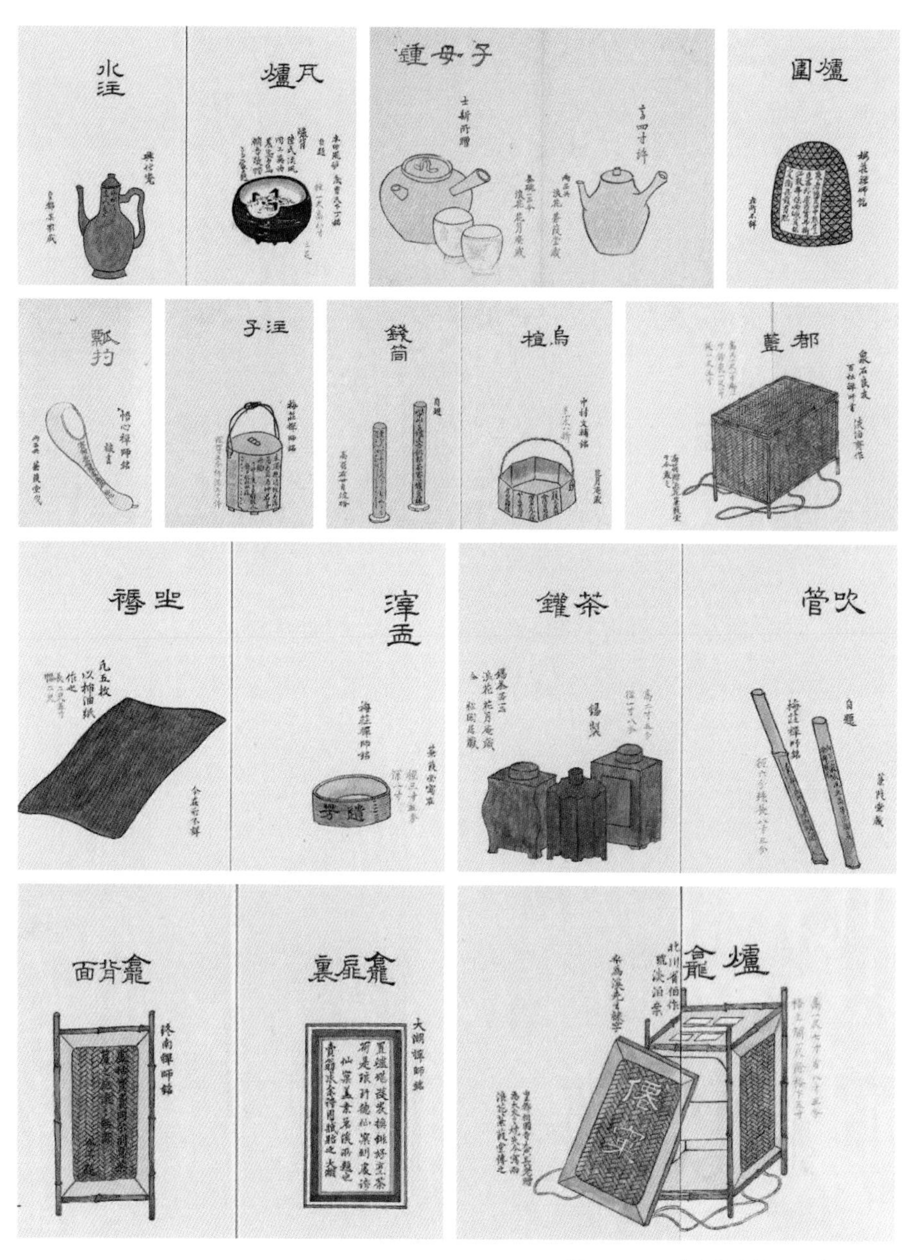

图 3-135 《卖茶翁茶器图》（续）

佚名《御制诗意图》

此画（图 3-136）描绘的是在湖面上的篷船之中，一位老者在船内读书，船尾处一个童子正在风炉前煮茶，船头是一划船的船夫，画面意境清幽。可见在清代，除了茶寮、庭园、书房，在游湖的船上，依旧有茶相伴，体现了当时茶美学与自然风物的融合。一个风炉，一把茶壶，几只茶杯，便可形成一个独立的饮茶空间，可独酌自饮，亦可分享畅聊。山水之间，湖面之上，有茶有书，足矣。

图 3-136 （清）佚名《御制诗意图》（局部）

吕焕成《蕉阴品茗图》

图 3-137 （清）吕焕成《蕉阴品茗图》（局部）

此图 3-137 表现的品茶情景和茶具与现在已经十分接近了。芭蕉叶下，方形石案上，并排摆放着三把紫砂壶，白色公道杯盛满了茶汤，主人手持白瓷茶盏正在品茶。

画面左下方有一个仆人手拿蒲扇，正在炉边烧水，炉旁的石案上放着茶盘和茶盏。此画中虽然没有专门的茶家具，但户外园林的石桌、根雕、石凳等都是喝茶可以承托的家具。

朱珏《德星聚图》

画面（图3-138）描绘的是一位先生带着一群学童，拜访一位德高望重的老者的场景。

画面右下方有一个备茶区，两个仆人正在备茶，石案上放着茶壶、茶盏、茶盘、风炉、煮茶壶等，石案面板和边脚都有如意云纹装饰。

画面的最上方是一个大方桌，按照比例推算可以坐6～8人，方桌腿足与桌面可见霸王枨的结构，还留有明式家具的痕迹，桌面上摆放着茶盏。桌子后面是一把圈椅，其上搭着衣袍，两边的圆凳，其中一个是带托泥的鼓腿彭牙圆墩，另一个为如意云纹足圆凳。

桌前面的老者坐在三面围屏的罗汉床上，罗汉床带托泥，云纹的腿足，很是精美。旁边是一个怪石形花架和盆景。此时的家具也带有了明显的清代家具的特征，家具局部增加了许多装饰纹样，形制也相对宽大，少了俊秀之美。

图3-138　（清）朱珏《德星聚图》（局部）

担当《行旅图》

图 3-139《行旅图》中，人物虽很小，但寥寥数笔却刻画出一幅休闲随意的户外行旅饮茶场景。二人一前一后行走在郊野的小路上，一个人骑驴，一个人挑担，表情可爱憨萌。仆人挑担，扁担前端挂着一个茶炉，后面挂着一个小茶箱，另一只手还拿着蒲扇，正应了“笔床茶灶总随身”之语。在宋代茶画《春游晚归图》中也有类似的场景（图 3-140），扁担前后为游山具和茶镣担子，从形制和功能上看，清代时期的行具和茶具都变得更加小巧轻便，简化了很多。

明清开始的这种简便的饮茶方式，在潜移默化中影响着现在的喝茶方式，有了茶炉和茶箱就可以在任何地方喝茶，而且拿取移动都很方便，它们也是现代便携式茶具收纳箱的雏形。

图 3-139 （清）担当《行旅图》（局部）

图 3-140 （宋）《春游晚归图》（局部）

杨晋《豪家佚乐图》

图 3-141　（清）杨晋《豪家佚乐图》

图 3-142　《豪家佚乐图》局部放大图

画面（图 3-141）描绘的是有钱人家的妇人们和孩童们在园林中游玩的场景。古松劲柏、水榭荷塘、柳荫回廊、丛竹房舍、湖石曲径都呈现出贵族园林的气派。

画面左边是饮茶区，礁石上放茶炉煮水泡茶，人们在石桌上饮茶，一幅户外庭院中的家庭茶事场景，非常轻松温馨。石桌上有两把茶壶，从颜色看是清代流行的紫砂壶，身后的女眷们用的是白瓷小茶盅。从画面中（图 3-142）可以看出这种“景瓷宜陶”的组合，应该是当时的一种时尚风雅[54]。画中并没有看到如明代时那样专门用来煮茶的茶寮屋舍，而是借由庭院已有的石桌和礁石去煮茶和饮茶，这也是茶家具的专属性在清代逐渐弱化的一个表现。

佚名《金屋春深图》

在图 3-143《金屋春深图》中，透过窗的帘栊，一个古典美女坐在圆凳上，手扶圆几，圆几上放了一个盖碗和杯盏。画面中的圆几腿足已经明显有烦琐的雕花和清代家具的风格印记。

裘纪平著的《中国茶画》中对此画作了分析：完整的画卷中还有一首题诗："金屋春深晚起迟，云鬟慵整乱如丝。内厨几日无宣唤，不向君王索荔枝。乙卯夏日写于帘屋，新罗山人华嵒。"从题诗可知，此图所画人物乃杨贵妃，表现的是杨贵妃晓妆晚起的情景。虽然所画之人为唐人，但无论衣着服饰还是家具都是清代风格，圆几上的盖碗和茶杯也和现代所用基本无差别。

图 3-143
（清）佚名《金屋春深图》
（局部）

金廷标《品泉图》

图 3-144　（清）金廷标《品泉图》（局部）

这幅画作（图 3-144）主要体现的是清代饮茶人用泉水泡茶的场景，并展现了野外煮茶的全套器具。画中，古树虬曲、溪水潺潺，一位文士倚树品茗，旁边童仆正在汲水备茶。图 3-145 可以看到一个四层的竹编提盒，其中一层竹盒摆放在地上，提盒内放的应该是茶叶、茶具、杯盏、炭等，就相当于一个小型的茶器收纳盒。清代使用的这种提盒和现在茶人用的提篮十分接近。另一件就是竹茶炉，与王问《煮茶图》中的竹炉形制基本一致，就是多了 4 根带子，形制与图 3-146《卖茶翁茶器图》中的炉笼相似，这种形式更适合在户外饮茶活动中使用。此外，在树下泉水边泡茶，甘冽的泉水对茶汤的品质有极大的提升作用，可见茶人对饮茶的品质要求一直都是极为用心的。

图 3-145　《品泉图》局部放大图

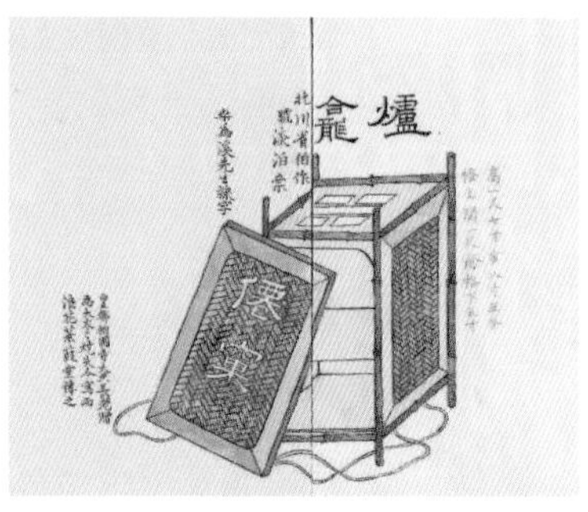

图 3-146　《卖茶翁茶器图》中的炉笼

邓文举《蕉阴纳凉图》

图 3-147　（清）邓文举《蕉阴纳凉图》

画面（图 3-147）展现的是夏季芭蕉树荫之下主人休闲、纳凉、饮茶的场景。图中的长榻很是精美，湘妃竹的主体框架，上面铺着竹席，石板桌旁边的仆人正在泡茶。这种休闲的茶生活和现代人的茶事已无太大区别。从局部放大图（图 3-148）中清晰可见备茶区的茶器，大的紫砂壶、白瓷杯，这正清代最流行的“景瓷宜陶”的组合，茶炉也是必不可少的。竹长凳造型轻盈，家具四腿和凳面框架略微粗壮，横枨和局部构件纤细，整体用材粗细相间，很好地展现了竹材家具的美感。

图 3-148 《蕉阴纳凉图》局部放大

影像四

近现代中国茶生活与茶家具掠影

图 4-1　清末民初时期茶馆老照片

清末民初时期，喝茶方式主要还是延续了清朝泡茶的风格。茶馆是当时主要的喝茶场所，各种茶馆林立，茶种类繁杂。赵映林在《五花八门的茶馆和茶馆的取名》中谈到，历史学家卫聚贤，抗战时期在重庆任教期间，创办“说文出版社”，而且还开了一家叫“聚贤楼”的茶楼[55]，客人大多是大学教授和文化界知名人士，郭沫若就是常客。这种茶楼是一种文化汇聚与交流之地。不仅如此，在一些文献中也提到民国茶馆的另一特色就是文雅的茶文化和浓厚的商业气息混合在一起，如福州茶馆还做浴池生意，贵州茶馆里面提供说书服务等，都颇具地方色彩和独特风格。

此外，虽然当时中国处于相对动荡的时期，但是一些名茶的生产却没有完全停止，《（民国）都匀县志稿》上记载：“茶，四乡多产之，产小菁者尤佳（即今都匀市的团山、黄河一带），以有密林防护之。”[56]信阳毛尖也在 1915 年巴拿马运河举行的万国博览会上，获得世界茶叶金质奖状和奖章。

图 4-2　民国上海茶庄的茶礼盒

这个时期的茶家具可以从下面这些古旧的黑白老照片中寻得一点踪迹。当时一般茶馆里的茶家具主要就是茶桌和条凳，饮茶方式以潮汕功夫茶为主，北方也有用炕桌饮茶的，家具都比较朴素简单。从老照片中（图 4-1）还能看到茶馆中专门用于摆放茶叶的茶柜。而民国时期茶叶盒也体现了当时浓浓的时代特色，图 4-2 为上海茶庄的茶礼盒，透着一股旧上海的时尚与风情。

茶与茶家具虽然在历史的更迭中跌宕起伏，但时光厚爱，茶文化不眠不休，早已穿梭于人间，遍布祖国大地。

现代茶家具及器具种类繁多，设计形式也多种多样。但总的来说，茶家具与其他室内家具相比，还属于小众产品，只是近几年一些原创品牌的兴起，茶艺培训和茶空间的增多，对茶家具的发展起到了极大的推动作用。茶家具在造型设计、多功能性、空间展示、茶美学、智能化等方面都有了极大的提升。总的来说，未来的茶家具是多元化的、个性化的，饮茶群体也不断有年轻群体加入，给茶文化和相关设计注入了新的气息。

不管哪种形式的设计，从古典中沉淀下来的经典永远都是设计师进行创新创意的基础，找寻古典记忆中的灵魂才能赋予新的设计更有意义的内核。

对于现代茶生活和茶家具这个版块，本书只是通过几个普通人，有设计师、有茶人、有业余饮茶人等，分析他们对于茶空间、茶家具以及饮茶文化的理解与实践，以微小之点，窥探茶文化的当下以及未来，并从他们身上能感受到古典茶画中那些积淀的美好，带给现代茶人新生的力量与影响，在杯盏之间讲述他们与茶的故事，展现当下茶生活的美好与情怀。

与茶的缘定，首先是缘，这几位普通人都是与本书有缘之人，并且在穿越古代茶画之后，再穿越回现代社会的小小角落里，继续我们的茶之旅，幸甚。

他们从古代茶画一路走到现代生活的角落，带领读者感受中国茶文化传承千年的魅力。

「年迹」与人文相伴，做时间的朋友

一切源自对茶的热爱，对茶文化的一份真心，才有了与“年迹”茶文化研究中心的交集。

最初感动我的是年迹·年份茶的木制茶礼盒。这份感动不仅因为自己对木文化的那份喜爱，更是从细节看到了品牌团队的用心。木制茶盒制作沉稳雅致，手触之感温润亲和；一把特制的圆形茶刀，专为打开木盒而准备，既贴心又带着满满的仪式感，用这样的方式来开启一段美妙的茶之旅。其中一款茶盒的盖子采用抽拉形式，在木盒两侧凹槽中缓缓推拉出来，却并未直接露出茶的真面目，当掀起附

“年迹”茶产品

一饼一泡

“年迹”茶空间

在上面的一层磨砂纸之后，一排排小饼茶整整齐齐地摆放在各自的格子里。打开盒盖的那一刻，清幽的茶香伴着朴素的木香，那是一种妙不可言的感受。特色小茶饼的造型，一饼即一泡，可品亦可藏，每一枚都是独立包装，既小巧便携、又易于收纳，可随时随地喝好茶。拨开棉柔的茶纸，里面的茶饼松紧适度，易于冲泡。在茶盒里面还明确标注了原料产地、年份、品级、重量等信息，赋予每一饼茶唯一的身份识别信息，将科学严谨的态度融入其中。

“年迹”，带着自然的印记和人文的传承，力图通过一片小小的叶子，搭建出人与人、人与自然的那份和谐与美好，让更多人在氤氲的茶香中细品时光，在草木间感受时间与自然的变化。深“品”人文，做时间的朋友，在这种“品”的体验中，我感受到了茶文化与木文化自然融合中的那份意蕴。中国文化源远流长，不仅孕育了博大精深的茶文化，同时也造就了底蕴深厚的木文化。

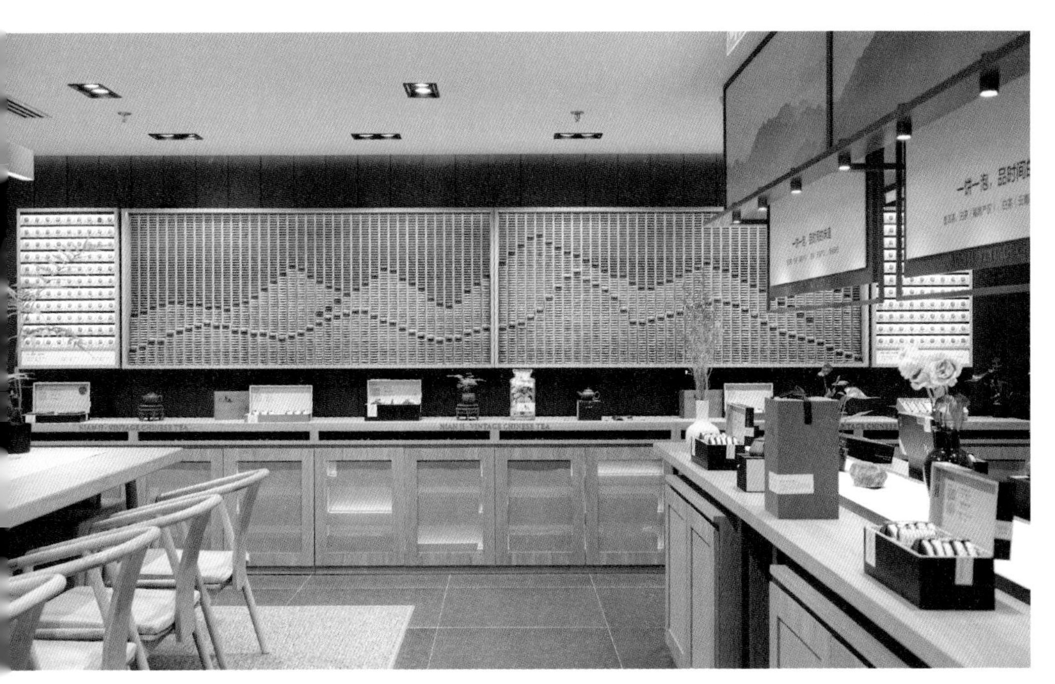

“年迹”茶空间

在某一程度上，木文化与茶文化尤为相似，品木亦如品茶，都注重一个“品”字，就像白茶、普洱一样，只有将它们放入百年文化的“茶壶”中，经过滚烫的清水浸泡之后，倒出来的才是唇齿流芳的享受。而此时，茶已非茶，水已非水，人们在品茶的过程中，犹如和不同的人在交流。品木亦如此，那深邃迷人的纹理、柔和细腻的质感、沧桑坚韧的气质，便是木的语言。现代人对实木的喜爱，不仅是一种返璞归真的情感寄托，更是刻在骨子里的中国五千年灿烂文化的基因。

“年迹”的茶空间也更加注重静谧雅致，温润的木材质感与起伏的茶山轮廓，融合现代的设计手法，营造出一份独有的茶空间氛围。当我们品茶时，打开实木的茶盒，坐在大气沉稳的实木茶桌前，泡一壶“年迹”小饼茶，在静谧的时光中，与时间相守！

（注：图片由“年迹”茶文化研究中心提供。）

「竹外」茶空间
茶香与书香的融合

与“竹外”茶空间的结缘是在疫情之后。约上几个好友，既想在室外与自然接触，又想有茶相伴，聊天、喝茶、呼吸大自然的气息，于是“竹外”茶空间便进入了我的生活。

这是坐落在北京园博园中武汉园的一间很有特色的茶舍书院。茶舍借助原有建筑的优势，开辟出户外的饮茶空间，室内与室外融为一体，相得益彰，也成为京城里难得一寻的户外饮茶空间。露台小亭、四周邻水，四角立柱轻纱曼舞，风过时，轻纱拂面，水边一桃树，灼灼其华。

中国园林讲究有山有水，所谓“智者乐水，仁者乐山”，建筑的造型犹如被切割解构的山形，倒映在水池中如漂浮的山峦，与枯枝、石板、白色卵石、散落的树叶共同演奏出一曲高山流水。寄情于山水间的明清茶美学在这里延续，又被现代设计重新演绎，无论室外建筑还是室内空间，都采用现代极简的设计手法，清雅飘逸，简约温馨。这里采用最多的是借景的手法，户外露台的茶

书院入口

窗前小景

亭，古朴的茶桌、蒲团或矮凳，借助建筑、池水以及自然吹过的风，通过窗户、垂帘使不同饮茶区域相互借景，喝茶的人也成为彼此的画中画。

室内的茶空间，运用大面开窗，引进阳光与空气，也模糊了室内与室外的边界，室内的不同区域通过竹帘、纸窗或推拉门进行分隔，茶桌、大瓶的插花、粗陶器皿、干枝以及茶桌上质朴的茶具，都在空气与光影的轻拂之下，呈现出丰富的质感与层次，亦或静谧，亦或灵动。人、茶、器在不同角度都能形成一幅静美的画面，如遇阴天或雨天，更是笼罩着一层空灵与幽静。有意境的空间无需太多的言语，静静走过，每一处都体现着茶人的一份细心和真诚。

这里很安静，不仅可以品茶，同时也是一个书院，可以学习插花、茶艺、茶美学等培训课程，浓浓的茶香与文雅的书卷气息，弥漫在空间的每一个角落。与岁月相守，从竹枝青绿到白雪飘飘，四季之美与“竹外”的茶香、书香早已融为一体。

在安静中传递美好，静默中流淌着的是一种精神，是茶人内心对善的执着，对美的追求，对自我的完善。笃定自信、美好向善，这就是“竹外”带给我们的茶生活。

（注：图片由“竹外书院”提供。）

1

2

1 插花与复古家具
2 空间的借景

1

2

3

1 室外茶空间
2 户外茶家具
3 茶室一隅

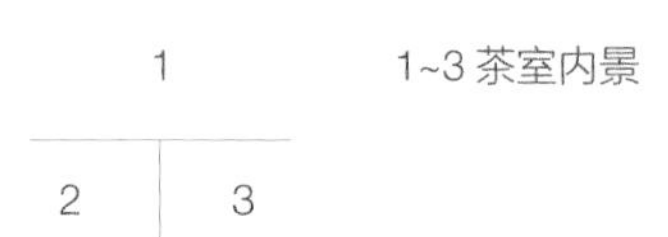

1~3 茶室内景

「张屏」茶生活美学的践行者

十几年前，当我对茶道还一无所知的时候，是张屏带我们走进了茶的世界，一走就走到了现在。本硕都毕业于清华大学美术学院的知性美女，原本有着高校艺术学院副教授的头衔，因在企业设计项目中表现出的优秀潜质，被企业高薪聘为副总，负责企业的品牌形象维护和升级，而她骨子里对茶的那份热爱，对茶美学的那份独到的理解，早已融入在她所有的日常生活中，不会因为工作内容的变化而改变。有时候对于美的追求，并不是刻意地非要置于不食人间烟火的境界中，反而在点点滴滴生活中无意渗透出来的茶美学，才更加生动，更加让人印象深刻。

对于茶美学的理解，和人的阅历、审美观、内在的修为都有千丝万缕的联系。下面所展现的都是她在日常生活中随手拈来的茶席设计，而这些美图背后是她对茶美学和茶生活不同层面的理解和诠释。

主题1：茶家具与茶空间

在凭自家的茶室里，茶家具都是原木色的，无论茶桌、茶凳，还是茶水柜等，都用蜡油饰面更好地展现榆木原色，与桌面内嵌的竹编席面相得益彰。浅色的茶家具可以更好地衬托上面摆放的茶具和花器，也使空间更加素雅清爽。茶家具的空间布局，是以使用舒适性为第一位，要能够容纳饮茶时所需的各种器具，并能够方便冲泡和随时拿取，动线设计合理。此外，茶空间不要摆得太满，正如清代邓石如所说："字画疏处可以走马，密处不使通风，常计白以当黑，奇趣乃出。"适当的"留白"可以更好地营造空间意境。

主题 2：茶席布置

茶席体现的是一种合乎功能性的意境表达。干泡法的茶席从壶承、建水、茶杯、茶壶到花器等，要主次分明，主要器物和辅助搭配要形成合理的摆放，以泡茶时最舒服的状态为第一位。她的茶席讲究的是不同材质的叠加组合，使茶席呈现出丰富的层次感。桌面布置需要空间与器物的相互衬托，比如鲜花、干枝、香炉、花器，虽然是茶席的辅助，但也要和茶器、茶席相得益彰，哪怕是一支枯枝也要有灵魂。奥古斯丁说："美是各部分的适当比例，再加一种悦目的颜色。"在她的茶席中，总能看到粉色的花、绿色的叶、黄色的橙、红色的果、蓝色的炉，这一抹抹亮色成了茶席上一道道靓丽的风景，它们灵动、妖娆，充满了生机与活力。

主题 3：茶器甄选

茶席中茶器的选择要精致，器型不仅要讲究，而且要能很好地表达功能，让使用更为顺畅。比如公道杯的断水处理，这个非常考验制作人的手艺，如果遇到又好用、器型又心仪的茶器，是茶人的一种幸事——遇见、珍惜，茶人与茶具之间在用与被用中建立起长久而深厚的情感。在传统茶器中，搭配一些带有现代感的器具，复古中亦有现代的时尚，放在现代空间中，也毫无违和感。

总之，茶桌上的煮水器、泡茶器、茶杯、插花、席布、滓方等，一器一物构成茶席的“实”。它们以真实的空间尺度，表达着茶席的语言和功用，由实入虚，虚中含实，产生纷呈叠出的象外之象。它们彼此相互联系，决定了茶空间意境的整体生成。因此茶席的“实”衍生了空间的“虚”境。追求意的优雅和境的深邃，是茶美学的重点。

（注：图片由张屏老师提供。）

1 | 2 | 3

1 茶桌布置
2 茶器搭配
3 茶桌一角

1 花与茶席
2 插花与茶桌一角
3 茶器搭配

1	2
3	4

1 茶席布置
2 书房一角
3 绿植与茶器
4 水果与茶器

「小坐」偷得浮生半日闲

今年是疫情的第三个年头了，不能远行，减少聚集，佩戴口罩，保持距离……激发为人们关注生活常态，时刻在潜意识中影响人们的心情和幸福感。正是在这种背景下，“小坐”营造了一个安全的、私密的，能让三五好友小坐一会儿的空间，这个空间既不同于社交化的咖啡厅，也不同于绝对私人化的家，既不是千万人追逐打卡的网红地，也不是拒人于千里的高档会所……“小坐”一定是一个让人感觉似曾相识的空间，它的气质里有安静、文化、艺术、朴拙，它能让人从进门的刹那与喧噪的外部世界暂时隔绝，慢下来、静下来、放松地交谈。

“小坐”两个字一共十划，正好对应“十全十美”的美意。“小坐”浮生半日闲，契合现代人快节奏的需求，让他们能够适度地暂时抽离于焦虑的工作和生活，“自我”一会儿；和三五好友品茶畅聊，“放飞”一会儿，这难道不是当下的快事之一？

“小坐”坐落在空军部队大院内部，人进入大院，经过肃整的林荫道，转入步道，缓缓进入空间，这就像一个澄清的过程，慢下来，静下来，最终停留在“小坐”里，释放掉压力。置身在具有传统、自然、艺术元素的空间中，品一杯清茶，赏一盏美器，享受一餐美食，谈论一个话题，用五感唤醒自我，敞开心扉，“小坐”浮生……当初都说人最大的奢侈是花时间感受生命，这就是设计“小坐”的初衷！

茶空间

空间是人的容器，人在其中受其影响，反之人也让空间有了灵魂。

“小坐”的空间设计，总的思路是做减法：减掉吊顶、减掉白墙、减掉踢脚线、减掉装饰、减掉所有的工艺做法……还空间以本质，留给人最大的空间尺度、最通透的采光、可呼吸的肌理，将“竹、木、石”材质运用其中，正如苏轼在《文与可画赞》中所言：“竹寒而秀，木瘠而寿，石丑而文，是为三益之友。”希望三益的品格、文人的气质，能激发起人的共鸣。

与“小坐”的主理人章萌老师是多年的同事兼好友，这份情谊也是和茶缘分不开的。“小坐”里留下了闺蜜、好友许多的难忘记忆。

前几日翻书，偶然看到了南宋马麟的《静听松风图》，画中的贤士正在松树下静听风拂动松树的声音，松针的沙沙声与泉水的潺潺声，形成了和谐的共鸣，这情景让这位贤士出了神，进入了忘我的状态。

在你心里有没有一个“小坐”可以安放自我？

（注：图片由章萌老师提供。）

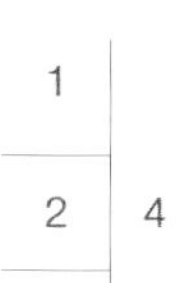

1（南宋）马麟《静听松风图》
2 茶汤中的烟火气
3 茶席与茶器
4 茶席布置

1	2
3	4

1 古朴茶器
2 茶空间
3 走廊空间
4 摆件搭配

「惟茶」 一壶水，一泡茶，呈现每一只器物的生活与故事

“惟茶”，只为一杯茶。与“惟茶”的偶遇是一种缘分。人们走在高楼林立的商贸中心，在楼下一个隐蔽的角落，翠竹掩映下隐现的古朴茶棚无意间跃入视野。这一眼便让人情不自禁进入了“惟茶”的空间。

户外空间——竹、草、石、茶与光影共舞

户外的茶室依山而建，在葱茏茂密的枝叶间，形成了一方小小的室外天然氧吧。曲径通幽处的小路旁散落着几个不同的区域，走到最里面是一处由竹、草、卷帘、古旧家具、古画打造的安静雅致的茶舍，旁边还有一些拙朴的瓶瓶罐罐，让这个户外茶空间倏而平添了很多艺术气息。阳光通过竹制的围栏投下斑驳的光影，从日出到日落，光线与光影不断变换。亦有青苔静卧于小道与石缸之上，绿茸茸的探着小脑袋，汩汩水声像与风和着歌，从他们身边飘过。朴素的饮茶之乐，闹市中难得的一处清心之所。而这室外的茶棚又令人有似曾相识之感，恍若走进了明清古画中的茶寮之中。

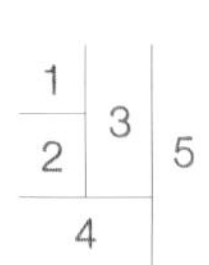

1 茶室兼会议室
2 茶室大厅一隅
3 茶室入口
4 茶室大厅
5 户外茶室

室内茶空间——静雅平衡，山水竹灯两相映

转过青翠的竹林，便是“惟茶”的室内空间，接待我的是婉晴和两个“00后”的茶人女孩，茶室非常安静，入口处一个悬吊的铁壶，让人忍不住要去添加一些炭火，温暖的气息浓浓地弥漫在心间，也让我深深记住了“惟茶”。

空间中的主体茶桌通过石板、陶罐里的大干枝以及精致的茶具，与后面自上而下做成的整面格子墙，形成了很好的视觉中心。坐下来的那一刻，有一种恬淡、安静的氛围，却蕴含着巨大能量场。这种场，让来到的人能在幽暗的茶桌上，找到初心，感受本真，不急不躁，自然放松。这也许就是“惟茶”空间给人的额外赋能吧。

整个室内茶空间被分成了很多个大大小小不同的茶室，有可以依席而坐的榻榻米茶室，有朋友小聚的中等茶室，也有可以进行会议的超大茶空间。淘来的古董、五斗柜、桌子、茶几等旧物件，给空间增加了年代感，复古的设计不仅提升了整个空间的品味，也把内敛、沉稳、考究的气质完美地呈现出来。

虽然没有见到老板本人，但是在与茶艺师的聊天中，能感受到那种平和、温婉、端庄，这也呈现出一个品牌的综合素养。更主要的是，在“惟茶”让我看到了年轻的“00后”茶人，那种在茶的浸润洗礼中的蜕变与成长，麻利、恬静、不急不躁，茶文化的传承就是在这样润物细无声中，悄悄蔓延……

（注：图片由“惟茶”提供。）

1	2	4	5
3			6

1 茶室复古茶桌椅
2 户外茶室复古家具
3 室内茶空间
4 户外茶席
5 户外茶家具
6 茶席与茶器

「传习」古为今用，匠心传承

与原创设计品牌“传习”的结缘，最早是从自己导师的口中听闻：“专注，坚持，打磨细节……”于是在心中记住了“传习”这个名字。终于在2021年北京的展会上，与“传习”的创始人彭文晖老师有了交集，并有幸邀请他为我们的学生上了一堂生动的设计课。彭文晖老师很低调，对设计却充满了热情。

彭老师最早也是学工业设计的，却机缘巧合地做起了平面广告，并成立了自己的公司，一做就是将近20年。这一路的经历，一路的思考，助推了“传习”的诞生。

2010年，彭老师在北京创建了“传习工坊”家具品牌。王阳明在《传习录》中说：“知是行之始，行是知之成。”彭老师用“传习”作为品牌的名字，就是带着这样的思考与坚守：传承与实践，突破与创新。他不断揣摩用现代的技术与设计语言去做当代中国家具，改良传统家具，把传统家具与现代设计元素相结合。于是他便开始了再学习、再研究之旅：不断研究传统家具和现代家具，钻研里面的设计技巧，从中提炼、提取、再造，尝试找到传统与现代的结合点，不仅如此，还要熟悉木材种类、性能与工艺特点，结合市场的动态规律等多方面的因素。

对一个设计师来说，亲自动手去做，才是最佳状态。设计师要深入生产，知晓全部工艺流程，在实践中探索与创新，是实现从设计到产品完成的重要途径。为了能做出更好的作品，彭老师成立了自己的工厂。早年间，彭老师与日本的设计师黑川雅之先生有过合作交流，这段经历让彭老师能更好地去思考过去、现在与未来。他认为现在中国家具需要融入当代美学。学会取长补短，这是中国家具设计师必须面临并亟须解决的问题[57]。“传习”的家具能提供很多种变化的可能性，借助模块化设计，通过榫卯连接组合以及精细的木作工艺，巧妙地解决了大型实木家具运输和入户难的问题。

彭老师并没有刻意去做茶家具，但来自宋风美学的清雅、简约，融入当代美学的设计理念，使“传习”的家具具备了天生的一种气质，这种气质与现代茶文化的气质又是高度契合的。茶具一摆上，一隅清雅飘逸的茶空间立刻呈现出来，这种气质是隐藏在家具中的一种天生基因，茶、茶器、茶家具、饮茶之人，一个自带场域的茶空间自然而然地就形成了。

最让我感动的是“传习”对于每一件家具的迭代，是那样的一丝不苟，这对于现在年轻设计师来说太有现实的教育意义——不求快餐式设计，而是真正沉下来，反复雕琢修改，让作品越来越完善。

（注：图片由“传习”提供。）

米兰设计周参展

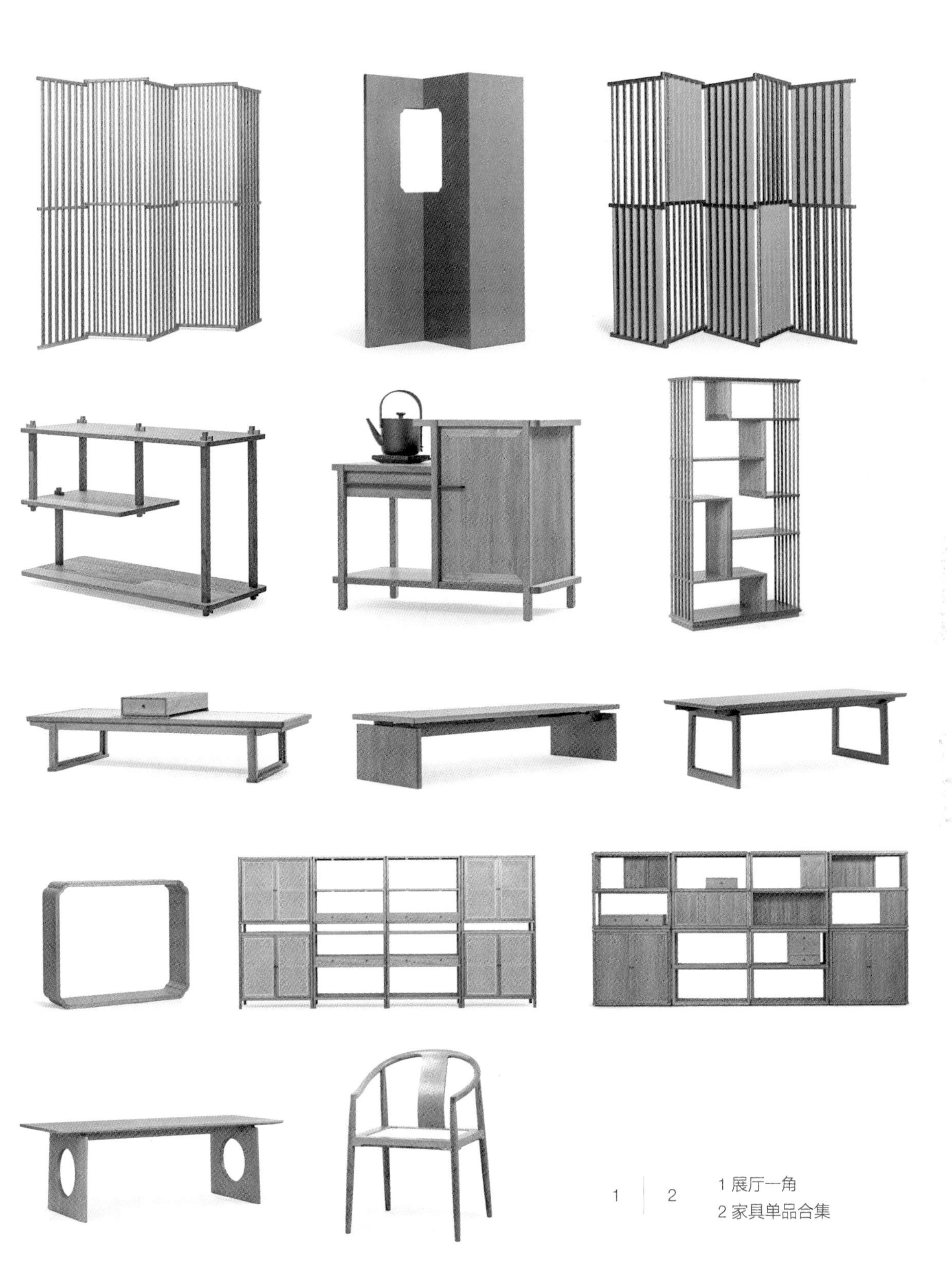

1 | 2

1 展厅一角
2 家具单品合集

1	2
3	4

1 家具展示
2 米兰设计周参展
3 展示墙
4 茶室家具

「凡物茶语」做有温度的设计

只因对木材纹理的喜爱,于是设计师想到了英文“FINEWOOD”。苏轼《超然台记》中有：“凡物皆有可观，若有可观，皆有可乐。非必怪奇伟丽者也。”由此“FINEWOOD”有了中文名字“凡物茶语”。凡物，简而不凡，物有可观。喝茶十余载，感恩一路上相遇的人和事。这些都成为了凡物的初心。设计师坚持做与木与茶相关的家居产品，把手作的元素融合在产品的设计中，让每一件家具或家居产品都有不同的手作痕迹，让这些产品带着设计师的用心，传递出对生活的热爱，做有温度感的设计。虽然期间发生了很多故事，也经历了很多很多事情，但他们初心未改，不管转换成哪种方式，依旧会坚持。

“清音”茶家具系列用黑胡桃木制作，设计中采用了如古琴弦一样的纤细竖条纹，整套茶家具清秀简约。同时，把废弃的木材边角料，结合灵动多变的树脂，做成茶盘、茶托、茶桌、茶凳或者灯具的局部；用草木染的手工布料做屏风、休闲座椅、茶席布、装饰画等，通过手工树脂和草木染的局部点缀，让茶空间增添一抹亮色，打破了黑胡桃茶家具的沉闷之感。

因为有了手作元素，每一件产品都带有不一样的印记，带着手作的温度感。一茶一木，一人一席一空间，感恩所有的遇见！

（注：图片由“凡物茶语”提供。）

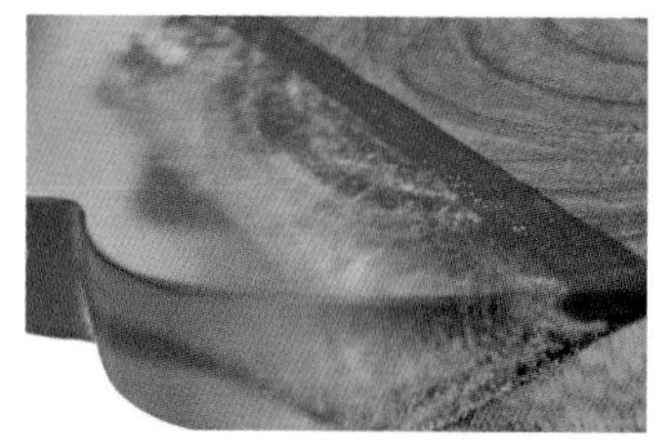

1 “海棠”休闲茶家具及家具细节
2 “清音”茶家具局部
3 “清音”茶家具

1 | 2

1 木与树脂茶盘
2 “清音”茶家具

「理木工坊」茶与中隐空间

认识“理木工坊”的创始人陈志远，还是在几年前组建木工坊协会的过程中，相识结缘。在这里从设计的视角来讲述理木关于“茶与中隐空间”的故事。

对“中隐空间”的解读

古人云“中隐隐于市，大隐隐于朝，小隐隐于野”，中国人寻求归隐的想法，古来有之。对于我们很多普通人来说，那种沉湎于世外桃源的“小隐”已不现实，那些试图“大隐”于朝廷官场所谓超凡脱俗之辈，也难免聒噪之声不断。

对于我们大部分现代人来说，“中隐”反而是一种可以试着追求的心境和生活态度。在休闲的生活中实现一种不离世俗又远离世俗的智慧，既可入世又可出世。生活无风险之忧，闲情逸致亦不被骚扰，留半梦可以视而不见，留半醒则能悠然自得。

打造这样一个中隐空间，也是想让平时劳形怵心、疲于奔波的人，能有自己的一处安宁之地，将张弛有度的生命节奏自觉地融入日常生活中来，在“市”与“隐”之间做到无往而不闲，无入而不自得。

茶家具

1 | 2 | 3

1 花几局部
2 花几
3 茶家具及其局部

“中隐空间”的意义

1. 四海会友

“中隐空间”的第一功能定位是“一个能够使你更好与人交流的社交空间”，它首先是一个主人专门用来待客、结交朋友的地方。与人交际，气氛是很重要的东西，在这种茶香四溢、神清气爽、心气平静的境地中，方真能领略到知己满前、君子之交的美妙。

2. 以此为镜

在这个专属于主人一人的空间里面，可以随心所欲摆放心爱之物，自由设计装饰。中隐空间更像主人的一面镜子，映射了个人的审美情趣、修养情操、性格品味。家具上面都可以摆放主人平时收藏的一些玩物器物，这些东西里面藏着主人的喜好和气质，是一种很含蓄地、一点都不喧哗地向来者介绍自己的过程。

3. 让生活饱满起来

人会从身体内部向外释放出一种具有影响力的延展空间，这个向外延展的区域空间也叫作气场；物体也有从自身向周围扩张并产生影响的空间。所以，好的器物自身存在着一股力量，这种力量可以反过来影响人的气场。试想一个充满仪式感的品茶氛围，在清雅素简、茶香袅袅的小茶室里，品茶、读书，久而久之，在这种气场的约束下，人的言行举止自然会变得不同，也会有时间内窥自我，充实自我、丰富内心。

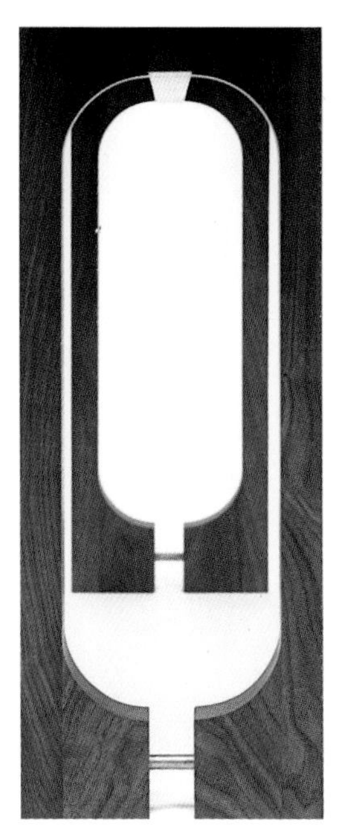

茶家具局部细节

茶家具设计点解读

1. 尺度中蕴含的待客之道

在这组茶家具的设计中，茶桌和凳子比平时常见的桌子和凳子矮了3cm，是想让大家在坐着喝茶的基础上，既能保证身体的舒适度，又能比平时的姿态稍微放低了几厘米，这样自然而然地就能使人暂时沉下来，以一种更加谦逊沉稳的心境，结缘诸贤，把盏言欢，享受当下。

2. 造型中蕴含的哲学精神

中国人自古爱山水，遇到知音我们也会用“高山流水”这样的词汇形容。这次茶室十件套家具的设计灵感也是紧紧围绕山水进行的。博古架上面的图案是山脊的形状，主人位的廊桥圈椅的设计灵感取自泰顺廊桥。这样当有人在煮水饮茶的时候，就会有一种“背山面水，桥在脚下”的意境，不管从寓意还是风水角度，设计师们都经过了反复的讨论，一致认为这样的设计符合中国传统哲学与美学思想。

此外，曲枨花几的设计灵感也来自“流水”的意向，整个花几的曲线造型增加了茶室空间内的灵动性和趣味性。以山水为主要设计元素，一方面因为茶室的会客功能，暗合“高山流水遇知音”之意；其次是想表达一间茶室于主人而言，既是一方山水，也是一方天地。

3. 简约不简单

一个雅致的茶室，除了用来与人谈茶论道，还可说艺鉴器，因此每件家具的选择都不能太过随意，得宜赏心悦目，值得推敲。除此之外，因为此茶室的定位是主人与客人谈笑风生的场所，所以整体风格不宜过于鲜明、喧宾夺主，应以简单舒适、随性自然为上。

（注：图片由“理木工坊”提供。）

「禾描」客厅化书房

与“禾描”结缘是在 2018 年的居然之家展上，随后便有了很多次的展会重合。“禾描”的几个年轻人既踏实又有新想法，关键还很坚持与执着地做着一件他们认定的事情。这份坚守，这种精神，在我内心埋下了深深的烙印。

“禾描”，如它的名字一样，透着一股朝气蓬勃和积极向上的劲头。这个团队由建筑师、家具设计师、互联网人共同创立，专注探索空间与家具的依存关系，提供高品质的实木家具产品和定制服务。

对于他们可以这样来描述：

一群有趣的小伙伴，游弋山野 10 年的驴友；
他们热爱旅行冒险，不断探索新鲜世界；
他们喜欢读书写字，不停思考人生自我；
他们热衷设计创作，不懈发现生活之美；
他们把追求的生活，称为诗意栖居；
他们相信，许许多多的人像他们一样，热爱自己的追求。

作为年轻的设计师，对于源远流长的茶之道，他们有自己的独特见解，并由思考中认识茶与茶家具的设计：茶是什么？是生活方式？是社交？是传统文化？作为城市中长大的一代，他们爱好山野与自然，东风为茶，山野为席。品一杯茶，读一首诗，汲取一丝人生灵感。木材是一种特殊材料，它能沉淀时间，而每个人，都把过往沉淀在“故乡”偌大的城市中碌碌匆匆的背影。

于是，木材自然而然便成为他们设计的核心。

“禾描”对于茶室的理解与诠释，结合了新时代年轻人的生活方式，认为茶室具备待客、思考、议事之用，提出了客厅书房化的理念。于是，客厅书房化的概念便成为他们的设计主题。客厅书房化，无论喝茶少的群体，还是蜗居的年轻人，他们都可以有自己的精神“茶室”——客厅书房。用满墙藏书代替书柜，用大书桌作为活动中心代替沙发，无论待客，还是作为全家人的活动中心，都是当代年轻人对于生活、对于社交、对于空间的新思考。

1 | 2

1 城市地平线茶几
2 工作室内景

1 | 2 | 4
3

1 柜子
2 休闲桌椅
3 茶几组合
4 客厅家具

茶是什么？是生活方式？是社交？是传统文化？

作为城市中长大，爱好山野的设计师，

“禾描”的答案是——东风为茶，山野为席。

（注：图片由“禾描”提供。）

「定心茶园」体验式茶园，逃离喧嚣的世外桃源

与“定心茶园”的缘分是从偶遇到惊艳再到感动。

对于“定心茶园”的最初关注，是因为偶然读到一篇关于获“金瓦奖”的茶园建筑。恰好的一个时机，我路过重庆，便决定去感受一下。去的那天正好下着蒙蒙的细雨，拾阶而下，茶园犹如仙境般飘然而至，笼罩在雨雾中的茶山和若隐若现的建筑，我与这片茶园的缘定之旅就从这里开始了。古香古色的建筑坐落在漫山茶树之中，庭院、水系，台阶、小景等，都透露着设计者的用心。茶山中还能有如此建筑，也着实让人眼前一亮。

疫情，会改变许多东西，也会让人看透许多事情。通过茶，让我们更懂得“品尝”当下，当下明白与暂不明白的都属于生命

茶园建筑群

滋味的一种，去品尝它，心安于当下即好。这一片茶树叶将带你体会生命的更多面。若将茶作为生活的一部分，它会潜移默化地浸润你的岁月，或会影响并改变你对生活或生命的态度。

“定心茶园”让我动容的是在听到老板四十年如一日地专注于做茶这一件事上，这也是我理解的定心的核心价值：匠心。从与茶园主管的聊天中得知，40 年前，重庆巴南有许多荒山，而这些荒山恰好赋予了茶树生长所需的天时地利。张节明随命运漂流在这片荒山上种茶、采茶、制茶。彼时，茶叶之于张节明只是赖以生计的一门“活路”。蜕变，则要从 1980 年那个乡镇茶叶作坊说起。

1	2	4
3		

1、3 建筑外景

2 室内茶室

4 “定心茶园”俯瞰图

当时镇上的二圣茶业公司由于经营不善，已经负债累累，危在旦夕，照此发展，再过半年就关门，没有人愿意接管这个“烫手山芋”，于是镇政府找到了张节明，而他却想也没想就答应了，这正是他对茶的一份本心和初心。

从茶农到茶企老板，从养家糊口到品牌转型，从临危受命到谋定后动，顺势而为，夯实品质，直至与沉浸式体验相结合打造现代气息的新型茶园。一场与茶的艳遇，张节明这一走，就是40年，而且很专注。2018年初，媒体采访张节明时问他：“作为一名共产党员是如何理解‘不忘初心’的？”张节明这样回答：“初心，乃是一种专注，一种执着，一种坚守。”凭着最原本的工匠精神，几十年如一日，做好一件事，这便是“定心茶园”的底气。正是有了这份专注、执着、坚守，便能定下心来，平心静气，将认定的事做到极致，用毕生来讲述一片茶叶的故事。

穿行在漫山茶树之中，万亩生态茶园，一眼望去皆是碧绿，藏身于茶园中的建筑就像一个羞涩的少女，端庄淡雅，与茶园的古朴质感相得益彰。一些在这里体验采茶的人们散落在茶树丛中，背着竹编的小背篓采茶，让人充分地放松下来。这也是“定心茶园”留给我的极为深刻的印象：沉浸式体验采茶、制茶、品茶、储茶等独特的茶文化，亲身感受茶园带来的美好，也能深深体会做茶人的不易。

遇到中秋节等中国传统节日，茶园还有国风表演，让人仿佛回到了千年之前，亲身领略古人的前世之美。汉服表演，品味大气的汉族传统服饰散发的天人合一的魅力；民乐演奏，弹指间奏出高山流水的音弦乐律；古风舞蹈，一挥袖一回眸，将古人的礼仪情态尽数展示。借助国风国韵的宣扬，回归国潮，体验国风习俗，品味正统的中华传统文化，助力传统文化的传播与发展，而这些也让我对茶园有了新的认识。

呼吸着茶树之间浓浓的树叶香、泥草香，可品清新甘冽的茶水，可亲自采茶、揉捻，可感受国潮文化的厚重，凝神聚目，回味悠长。

（注：图片由“定心茶园”提供。）

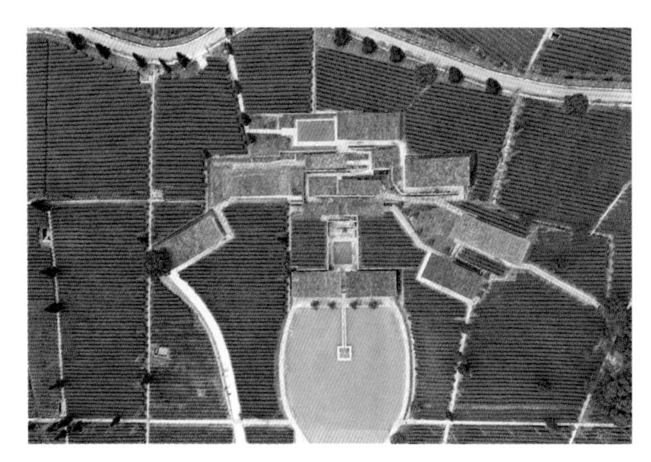

茶园俯视图

「小岩茶」茶人朴素的美学观

几年前通过一位友人认识了“小岩茶”，一个娇小恬静的茶人女孩，我们都亲切地叫她“小岩茶”。也是因为这样的机缘，对岩茶有了唇齿之间最真切的感受。然而，真正体会到岩谷花香，体会岩茶内韵，还是去了武夷山之后，才有了没齿难忘的真实体会。几年前，曾与几位好友一起深入武夷山开启了探茶之旅，土生土长在武夷山的“小岩茶”一路相伴，有了土著茶人的引导，不虚此行。

先说自然环境，如果真有世外桃源，那武夷山一定算其中之一，青山逶迤，绿水长流。在白云岩，席地而坐，摆上茶席，茶香悠悠，当太阳逐渐升起，茶山在云雾中缓缓呈现，再加上远处山峰的映衬，近景、中景、远景，层层铺开，人静茶香，与群峰、天地共饮一杯茶。

古画里文人雅士们定格在画中的茶事瞬间，在现代人的生活中依旧延续着，美是永恒不变的。

大自然的恩赐造就了风光绮丽的武夷山水，也给武夷茶树生长繁衍提供了优越的自然条件。武夷山多悬崖绝壁，峡谷纵横，群峰相连，亦有九曲溪潆洄其间，山涧的清泉，潺潺的溪流，是大自然给予这片土地的厚爱。走在深坑巨谷，看到岩石、石隙、石缝里长出来的茶叶，在北京常常听说的“岩骨花香”瞬间就立体起来，丰满起来，也瞬间明白了为什么岩茶会有那么多不同的品类，那么多好听的名字，那么多不同的口感，这也是大自然赋予武夷山岩茶一种独特的漫。

“岩岩有茶，非岩不茶”，岩茶因此而得名。正如当代茶叶界泰斗张天福所说：“由于武夷山独特的自然环境的熏陶，遂使岩茶品质具有特殊的岩骨茶香的‘岩韵’之风格”[58]。

据《武夷山志》[59]记载：清朝茶业最盛之时，下梅茶市每日外运茶叶达三百只竹筏。至光绪中叶，年出茶叶八千担，价值七十余万银元。与此同时，茶树的品种和产品的名称，也呈现百花斗艳的局面。水仙、肉桂、大红袍、铁罗汉、白鸡冠等，多达数百个，成为中国茶业中一支经久不衰的奇葩。武夷山斗茶的习俗也一直延续下来。记得前边古画中宋朝的斗茶曾经风靡一时，而这些古画中的精彩瞬间，在武夷山岩茶这里，又看到了一种古典的传承、延续、变迁。

在“小岩茶”家人的制茶工厂里，居然在晾晒的茶中发现了小蛇。制茶师傅却一点不慌乱，有条不紊清理掉蛇后，继续制茶。我被这些种种的经历深深感动着，茶农真心不易。制茶车间里的竹编支架、竹篓、烘焙的笼子等，都透着茶人朴素的美学观。

（注：图片由“小岩茶”提供。）

	2	3	4
1	5	6	7
	8	9	10

1 武夷山山景
2~4 武夷山坑、涧近景
5~10 茶厂内景

武夷山户外饮茶茶席

参考文献

[1] 陶隐夕 . 图解神农本草经 [M]. 济南： 山东美术出版社， 2010.

[2] 徐海荣 . 中国茶事大典 [M]. 北京: 华夏出版社， 2000.

[3]《图解经典》编辑部 . 图解《说文解字》画说汉字 [M]. 北京: 北京联合出版社, 2014.

[4]《书法大字典》编委会 . 书法大字典 [M]. 北京: 商务印书馆有限公司, 2020.

[5] 关于茶的典故: 水厄 [Z/OL]. https://quanzi.chayu.com/topic/732344.

[6] 云峰 . 品茶地图 [M]. 北京： 农村读物出版社， 2005.

[7] 陈子叶 . 论中国茶艺的人文精神 [J]. 农业考古， 2015（5）： 22-26.

[8] 徐馨雅 . 中国茶一本通全彩图解典藏版 [M]. 北京: 中国华侨出版社， 2017.

[9] 许鸿琴 . 食千趣古： 说说吃的那些事儿 [M]. 北京: 中国华侨出版社， 2014.

[10] 赖功欧 . 宗教精神与中国茶文化的形成 [J]. 农业考古, 2000(4): 249-258.

[11] 方雯岚 . 从精神到形式 : 儒家茶礼创作 [J]. 农业考古, 2008(5): 44-47.

[12] 刘修明 . 茶与茶文化基础知识 [M]. 北京: 中国劳动社会保障出版社, 2004.

[13] 史玲燕 . 论茶道中所蕴含的人生哲学 [J]. 福建茶叶, 2016, 38(11): 307-308.

[14] 李雨红 . 中外家具发展史 [M]. 哈尔滨: 东北林业大学出版社, 2000.

[15] 王玲 . 中国茶文化彩图 [M]. 北京: 九州文化出版社, 2018.

[16] 胡德生 . 从敦煌壁画看传统家具 [J]. 商品与质量, 2012(3): 124-127.

[17] 李学勤 . 青铜器入门之十一、十二 [J]. 紫禁城， 2009(12): 62-69, 2.

[18] 凌皆兵 . 由汉画看汉代的饮茶习俗 [M]// 张文军 . 中国汉画学会第十三届年会论文集 . 郑州： 中州古籍出版社， 2011.

[19] 徐婷 . 浅谈中国茶文化的传承 [J]. 开封教育学院学报, 2018, 38(7): 252-254.

[20] 巫鸿 . 物绘同源： 中国古代的屏与画 [M]. 上海: 上海书画出版社, 2021.

[21] 严英怀, 林杰 . 茶文化与品茶艺术 [M]. 成都: 四川科学技术出版社, 2003.

[22] 姚国坤, 王存礼 . 图说中国茶 [M]. 上海: 上海文化出版社, 2007.

[23] 中国茶叶博物馆 . 话说中国茶 [M]. 北京: 中国农业出版社, 2011.

[24] 陶鑫, 徐伟 . 月牙凳的形制与文化价值研究 [J]. 家具, 2018, 39(4): 47-50.

[25] 一幅壁画里的唐人生活 [Z/OL]. http://www.360doc.com/content/19/0812/20/42788182_854485442.shtml.

[26] 赵艳红 . 茶文化简明教程 [M]. 北京: 北京交通大学出版社, 2013.

[27] 李建华, 刘丽莉 . 中国唐代茶文化探析 [J]. 茶叶通报, 2013, 35(4): 170-173.

[28] 陆锡兴 . 中国古代器物大辞典: 器皿 [M]. 石家庄: 河北教育出版社, 2001.

[29] 廖宝秀 . 历代茶器与茶事 [M]. 北京: 故宫出版社, 2020.

[30] 赵丁 . 茶的故事 [M]. 北京: 地震出版社, 2003.

[31] 张建国, 李行 . 中国美术鉴赏 [M]. 北京: 高等教育出版社, 2015.

[32] 郭晓光 . 圣瓦伦丁节和七夕节节日文化之比较 [J]. 科教文汇(上旬刊), 2011(10): 200-201.

[33] 沈泓 . 古代生活: 民间年画中的脉脉温情 [M]. 北京: 中国财富出版社, 2013.

[34] 王岳飞, 徐平 . 茶文化与茶健康 [M]. 2 版 . 北京: 北京旅游教育出版社, 2017.

[35] 高婷 . 茶文化与茶家具设计 [M]. 北京: 化学工业出版社, 2021.

[36] 卢琼 . 清香茶道 [M]. 北京: 新世界出版社, 2009.

[37] 唐译 . 图说茶艺 [M]. 北京: 北京燕山出版社, 2009.

[38] 郝文杰 ."镜中像"与"画中像": 传统仕女画两种视幻空间拓展的文化阐释 [J]. 南京艺术学院学报(美术与设计版), 2005(4): 62-64.

[39] 扬之水 . 唐宋家具寻微 [M]. 北京: 人民美术出版社, 2016.

[40] 高雨 . 游宴序初论 [J]. 大连大学学报, 2004(3): 70-71.

[41] 董铮 . 从《韩熙载夜宴图》看五代时期的家具 [J]. 美术大观, 2014(5): 1.
[42] 朱毅 . 家具造型与结构设计 [M]. 北京: 化学工业出版社, 2017.
[43] 云飞扬 . 有钱有闲的文化雅玩: 古代民间的斗茶风俗 [J]. 城市地理, 2014(4): 32-35.
[44] 田小杭 . 中国传统工艺全集 · 民间手工艺 [M]. 郑州: 大象出版社, 2007.
[45] 邵晓峰 . 中国宋代家具研究与图像集成 [M]. 南京: 东南大学出版社, 2013.
[46] 谢华 . "雅": 文震亨《长物志》造物思想 [J]. 设计艺术研究, 2017, 7(4): 104-108.
[47] 余悦 . 中国茶艺的流变与流派: 在日本东京演讲提要 [J]. 农业考古, 2008(5): 146-156.
[48] 文震亨 . 长物志 [M]. 北京: 金城出版社, 2010.
[49] 巫鸿 . 重屏: 中国绘画中的媒材与再现 [M]. 上海: 上海世纪出版集团, 2009.
[50] 郭丹英 . 苦节君考 [J]. 农业考古, 2009(5): 86-87, 94.
[51] 廖宝秀 . 吃茶得句: 乾隆竹炉山房茶舍与茶器陈设 [J]. 紫禁城, 2020(10): 128-145.
[52] 邓玉娜 . 清代宫廷的茶文化 [J]. 郑州航空工业管理学院学报(社会科学版). 2011, 30(3): 31-34, 45.
[53] 卖茶翁茶器图欣赏 [Z/OL]. http://www.360doc.com/content/17/0124/09/826 0320_624479272.shtml.
[54] 朱顺龙, 李建军 . 陶瓷与中国文化 [M]. 上海: 汉语大词典出版社, 2003.
[55] 赵映林 . 五花八门的茶馆和茶馆的取名 [J]. 农业考古, 1992(4): 112-113.
[56] 窦全曾, 陈矩 . 都匀县志稿(民国)[M]. 贵阳: 贵州人民出版社, 2019.
[57] 网易家居 . 传习工坊彭文晖: 中国家具设计师必须要学会取长补短 [Z/OL]. home.163.com.
[58] 杨瑞荣 . 缘聚武夷, 茶和天下 [J]. 今日中国, 2019, 68(4): 50-52.
[59] 董天工 . 武夷山志(清)[M]. 北京: 方志出版社, 2007.

杨玮娣

北京工业大学艺术设计学院

芬兰拉赫蒂应用科学大学（Lahti University of Applied Sciences）访问学者

中国文化艺术发展促进会专家顾问

中国林产工业协会木艺工坊专业委员会专家